Referent: Herr Prof. E b e r l e

Korreferent: Herr Geh. Baurat Prof. B e r n d t

Einlieferung der Arbeit: 1. April 1926

Mündliche Doktor-Ingenieurprüfung: 27. November 1926

ISBN 978-3-662-31466-1   ISBN 978-3-662-31673-3 (eBook)
DOI 10.1007/978-3-662-31673-3

Lebenslauf.

Ich bin am 4. Juli 1896 als Sohn des ev. Lehrers Friedrich Hinz und seiner Frau Emilie geb. Baberg zu Haßlinghausen, Kreis Schwelm, geboren. Nach vierjährigem Unterricht in der ev. Knabenschule zu Siegen in Westfalen besuchte ich das Realgymnasium zu Siegen, das ich im Sommer 1913 mit dem Zeugnis der Reife für Prima verließ. In der Absicht, mich dem Beruf eines Marineingenieurs zu widmen, begann ich im Herbst 1913 meine praktische Tätigkeit als Volontär bei der Kgl. Eisenbahn-Hauptwerkstätte zu Siegen, die ich nach einjähriger Tätigkeit verließ, um bei Ausbruch des Krieges im Herbst 1914 in das Heer einzutreten.

Am Kriege nahm ich — seit Herbst 1915 Offizier im 2. Garde-Fuß-artillerie-Regiment — an den Kämpfen im Osten und Westen teil; mit dem Eisernen Kreuz I. und II. Klasse u. a. ausgezeichnet, wurde mir nach einer Verwundung im Februar 1918 die Führung einer Artilleriewerkstatt, die ich bis zur Beendigung des Krieges leitete, übertragen.

Da ich mich durch den Ausgang des Krieges aus meiner beabsichtigten Laufbahn herausgedrängt sah, besuchte ich, um die Zulassung zum Hochschulstudium zu erlangen, im Winter 1918/19 in Königsberg i. Pr. die Oberrealschule auf der Burg, wo ich im Sommer 1919 die Reifeprüfung bestand. Nachdem ich an der Universität Königsberg im Sommersemester 1919 naturwissenschaftliche und mathematische Vorlesungen gehört hatte, bezog ich im Herbst 1919 die Technische Hochschule Breslau, an der ich im Frühjahr 1923 die Diplomhauptprüfung nach einem achtsemestrigen Studium ablegte, in dessen Verlauf ich außerdem während mehrerer Semester volkswirtschaftliche Vorlesungen an der Universität Breslau hörte.

Vor und während meiner Studienzeit sammelte ich in mehrjähriger, praktischer Ausbildung, die ich im allgemeinen Maschinenbau, insbesondere Lokomotivbau, im Hüttenbetrieb, insbesondere im Martinwerk, und im Fahrdienst bei der Reichsbahn erhielt, Fertigkeiten und Kenntnisse, die ich noch während meines Studiums bei meiner Tätigkeit in den Konstruktionsbureaus des Eisenbahn-Maschinenamtes zu Siegen und der Linke-Hofmann-Werke zu Breslau und nach meinem Studium bei der Firma Henschel & Sohn, G. m. b. H., in Kassel mit Erfolg anwenden konnte.

Angeregt durch die vornehmliche Tätigkeit im Lokomotivbau, beabsichtigte ich die Laufbahn für den höheren Staatsdienst im Maschinenbaufach einzuschlagen. Von einer Studienreise nach Nordamerika im Sommer 1923 zurückgekehrt, stand ich jedoch von dieser bereits begonnenen Laufbahn wieder ab und trat am 1. September 1923 in die Dienste der Firma Henschel & Sohn, G. m. b. H., in Kassel.

Fritz Hinz.

Vorwort.

Im September 1923 wurde ich von einer Vereinigung führender deutscher Lokomotivfirmen beauftragt, die Frage der Kohlenstaubfeuerung, insbesondere die Verwendung der Kohlenstaubfeuerung auf Lokomotiven, zu untersuchen.

Die größtenteils unvollständigen Unterlagen, die mir zur Verfügung standen, gingen zurück auf Berichte über Ausführungen amerikanischer Kohlenstaubfeuerungen, die lediglich Beschreibungen der Anlagen enthielten, und einige Erfahrungen, die ich gelegentlich einer Studienreise in Nordamerika sammeln konnte. Dazu kamen die spärlichen Untersuchungen an den wenigen Kohlenstaubfeuerungen ortsfester Anlagen in Deutschland, die nach jahrzehntelangem Stillstand allmählich durch die Not der Zeit wieder entstanden waren.

Wenn man in Deutschland inzwischen auch bereits begonnen hatte, das aus Amerika kommende „hohe Lied der Kohlenstaubfeuerung" kritisch aufzunehmen, und wenn man auch aus den unzulänglichen Ergebnissen der eigenen Versuche erkannt hatte, daß nur durch das Hand-in-Hand-Gehen der Wissenschaft mit der Praxis die vorhandenen Mängel beseitigt und richtige Wege eingeschlagen werden konnten, so war die wissenschaftliche Durchdringung der Fragen doch noch in solchen Anfängen begriffen, daß ich gezwungen wurde, von Grund auf zu schürfen.

So ist diese Arbeit entstanden, die zur Theorie der Kohlenstaubfeuerung einige grundlegende Beiträge geben soll, die aber auch — als das Ergebnis aus Theorie und Versuchen — Zahlen übermitteln soll, die aus der Praxis stammend, in einfacher Weise wieder für die Praxis verwendet werden können.

Die Ausführungen gründen sich auf die Erkenntnisse, die gewonnen wurden durch die Auswertung der umfangreichen Arbeiten der „Studiengesellschaft für Kohlenstaubfeuerung auf Lokomotiven", zu der sich die Lokomotivbauanstalten

    A. Borsig G. m. b. H., Berlin-Tegel,

    Hannoversche Maschinenbau A.-G., vorm. G. Egestorff, Hannover-
        Linden,

    Henschel & Sohn G. m. b. H., Kassel,

    Friedrich Krupp A.-G., Essen,

    Berliner Maschinenbau A.-G., vorm. L. Schwartzkopff, Berlin,

ferner das

    mitteldeutsche Braunkohlensyndikat,

    ostelbische Braunkohlensyndikat,

    rheinische Braunkohlensyndikat,

und neuerdings das
    rheinisch-westfälische Steinkohlensyndikat
zum Studium aller einschlägigen Fragen zusammengeschlossen haben.

Die großzügig angelegten Versuche wurden bei der Firma Henschel & Sohn G. m. b. H. in Kassel ausgeführt, so daß ich nicht verfehlen möchte, den Herren Direktor Dipl.-Ing. H. v. Gontard, Direktor Dr.-Ing. R. Fichtner, Direktor Reg.-Baumeister a. D. E. Sauer für ihre tatkräftige Förderung und ihr weitgehendes Entgegenkommen meinen verbindlichsten Dank zu sagen; ebenfalls soll an dieser Stelle Herrn Ministerialrat a. D. Fuchs, Reichsbahndirektor und Mitglied der Hauptverwaltung der Deutschen Reichsbahn, den Herren Oberregierungsbaurat Prof. Nordmann und Oberregierungsbaurat Wagner, Mitglieder des Eisenbahn-Zentralamtes, für ihre wertvollen Unterstützungen und Anregungen mein verbindlichster Dank ausgesprochen sein. Dem Oberingenieur der Firma Henschel & Sohn, Herrn Dipl.-Ing. G. Hayn, schulde ich für seine treue, tätige Mitarbeit ganz besonderen Dank, dem hier bevorzugt Ausdruck verliehen werden soll.

Kassel, im Januar 1928.

Fritz Hinz.

Inhaltsverzeichnis.

Einleitung.

Bei der Bedeutung, die das Verfahren, Kohlenstaub zu verfeuern, in den letzten Jahren gewonnen hat, erscheint eine eingehende Behandlung der wärmetechnischen, in ihren einzelnen Stufen und Zusammenhängen noch sehr wenig geklärten Vorgänge der Kohlenstaubfeuerung schon an sich sehr erwünscht. Darüber hinaus erfordert aber die Aufgabe, die Verwendung der Kohlenstaubfeuerung für Lokomotivkessel zu prüfen, eine besonders sorgfältige Bearbeitung aller Bedingungen, denen — ganz allgemein — jede Kohlenstaubfeuerung unterliegt. Deshalb mußte durch tiefschürfendes Eindringen in alle einschlägigen Fragen angestrebt werden, unter Beachtung der großen Zusammenhänge das Brauchbare für die schwierigen Verhältnisse, die durch den Lokomotivkessel gegeben sind, herauszuschälen, um sich von vornherein durch unzweckmäßige Übernahme der Feuerungseinrichtungen ortsfester Anlagen vor teuren, aber fruchtlosen Versuchen zu schützen.

Insbesondere in Deutschland war der „kohlenstaubgefeuerte Lokomotivkessel" nur eine Idee, die, obgleich sie schon alt war, auch an anderer Stelle den Beweis ihrer Vollwertigkeit noch anzutreten hatte; denn wenn Ideen an sich auch überaus wertvoll sind, so liegt der Schwerpunkt doch darin, sie in ein praktisches Produkt umzuwandeln. Um dieses „praktische Produkt" zu erzeugen, mußten die einschlägigen Fragen von Grund aufgerollt werden. Deshalb sind im ersten Teil dieser Beiträge die Bedingungen für die wärmetechnischen Vorgänge der Kohlenstaubfeuerung allgemein gestreift, während im zweiten Teil die besonderen Verhältnisse für Lokomotivkessel kritisch beleuchtet sind.

A. Die allgemeinen Erkenntnisse der wärmetechnischen Vorgänge der Kohlenstaubfeuerung.

I. Der Verbrennungsvorgang.

1. Die Folge der Einzelvorgänge.

Die rechnerische Erfassung der wärmetechnischen Vorgänge bei der Kohlenstaubfeuerung bietet große Schwierigkeiten. Die Genauigkeit der Ergebnisse ist durch die verhältnismäßig vielen Annahmen, die gemacht werden müssen, und die der Wirklichkeit nur angenähert entsprechen, beschränkt. Die Annäherung der rechnerischen Ergebnisse an die Versuchswerte berechtigt jedoch zu den vorliegenden Ausführungen, durch die die Grundlagen erfaßt und die Einzelvorgänge geklärt werden.

Durch die Zergliederung der sehr verwickelten, allgemein mit „Verbrennungsvorgang" bezeichneten Umsetzung, die mit dem Einblasen eines Gemisches von Luft und sehr fein gemahlener Kohle in einen Feuerraum beginnt und mit der vollständigen Veraschung der Rückstände bzw. dem Absaugen der ausgebrannten Rauchgase endigen soll, konnte der Vorgang auf eine wissenschaftliche Grundlage gebracht werden, die die rechnerische Erfassung der Einzelglieder gestattete. Werden die allgemeinen Vorgänge der Kohlenstaubfeuerung als bekannt vorausgesetzt, so fällt der wissenschaftlichen Bearbeitung die besondere Aufgabe zu, durch Rechnung die Vorstellung des Verbrennungsvorganges zu klären, und zwar in bezug auf:

1. die zeitliche Folge der Einzelvorgänge,
2. die Dauer des gesamten Vorganges,
3. die Möglichkeit des Verbrennungsvorganges.

Der zeitliche Verlauf des gesamten Vorganges charakterisiert sich in folgender Gliederung:

Das Kohlenstaubluftgemisch, d. h. die Menge der Staubkörner mit einer Luftmenge von Raumtemperatur vermischt, wird in einen Feuerraum von hoher Temperatur eingeblasen und ist zwei Wandlungen unterworfen[1]:

In der ersten Wandlung werden die Staubkörner durch Wärmezufuhr von außen auf ihre Selbstentzündungstemperatur — und zwar sowohl hinsichtlich ihrer festen als auch ihrer flüchtigen Bestandteile — ge-

---

[1] Vgl. Z. 1924, S. 124. Nusselt: Der Verbrennungsvorgang in der Kohlenstaubfeuerung.

bracht, wobei die Größe des einzelnen Staubkorns als unveränderlich anzusehen ist; die erforderliche Zeit wird „Zündzeit z_0" genannt.

In der zweiten Wandlung werden die Staubkörner unter Wärmeabgabe — und zwar sowohl hinsichtlich ihrer festen als auch ihrer flüchtigen Bestandteile — verbrannt, wobei die stattfindende Abnahme der Staubkorngröße für die zahlenmäßige Erfassung bis auf Null angenommen wird; die erforderliche Zeit wird mit „Verbrennungszeit z_v" bezeichnet.

Während dieses Verlaufes gliedert sich die zeitliche Aufeinanderfolge des Gesamtvorganges — ähnlich einer Verbrennung fester Brennstoffe — in vier Einzelabschnitte:

1. die Erwärmung des Kohlenstaubluftgemisches,
2. die Entgasung des Kohlenstaubkorns,
3. die Verbrennung der ausgetriebenen Gase,
4. die Verbrennung der verkokten Staubkörner.

Handelte es sich bei der Darlegung des Verbrennungsvorganges nur um die Erfassung dieser Einzelvorgänge, so dürfte das Problem der wärmetechnischen Entwicklung des Umsetzungsvorganges verhältnismäßig einfach zu ergründen sein; die Wirklichkeit bietet aber eine weitestgehende Überschneidung dieser Einzelstufen, so daß rechnerische Werte zur Erfassung des Gesamtvorganges auf einem anderen Wege gesucht werden müssen.

Die Erwärmung des Kohlenstaubluftgemisches und die Entgasung des Kohlenstaubkorns lassen Rückschlüsse auf die Zündzeit (z_0), die Umsetzung der entgasten und verkokten Produkte auf die Verbrennungszeit (z_v) zu. Diese Gliederung muß zur rechnerischen Erfassung gemacht werden, denn während der Zündzeit (z_0) legt das in den Feuerraum eingeblasene Staubkorn je nach der Größe der Einblasegeschwindigkeit einen kürzeren oder längeren Weg unverbrannt zurück, während der nutzbringende Teil der Umsetzung erst auf dem zweiten Teil des Weges in der Verbrennungszeit (z_v) erfolgt.

Die Verbrennungszeit (z_v) ist der Zeitraum zwischen zwei Augenblicken, von denen der eine, der Endzeitpunkt, d. h. die Vollendung der Umsetzung von Kohlenstoff und Wasserstoff in Kohlensäure und Wasserdampf festliegt, während der andere, der Anfangszeitpunkt, sehr schwer zu bestimmen ist.

Die Zündzeit (z_0) beginnt mit dem Augenblick, in dem das Kohlenstaubluftgemisch aus dem Brenner austritt. und ist sehr großen Schwankungen unterworfen, die nach den Verhältnissen der Umgebung und des Staubkorns in weiten Grenzen liegen, denn die Erwärmung des Staubkorns erfolgt unter der Einwirkung zweier Ursachen:

1. einer Wärmeaufnahme durch Leitung und Strahlung,
2. einer exothermischen Reaktion, die chemischer Natur ist[1].

Diese erste Wandlung, d. h. die Zeit für die Erwärmung des Staubkorns bis zu einer so hohen Temperatur, daß es aus seiner Umgebung keine Wärme mehr aufnehmen kann, ist die Zündzeit (z_0).

---

[1] Audibert: Revue de l'Industrie Minérale 1924, Nr. 73, Etude expérimentale de la combustion du charbon pulvérisé.

Der Verlauf der Einzelvorgänge bei zeitlicher Aufeinanderfolge würde in folgenden Stufen stattfinden:

1. Stufe: Die Erwärmung des Kohlenstaubluftgemisches erreicht die Selbstentzündungstemperatur, d. h. den Zündpunkt des Kohlenstaubkorns. Sie stellt die Einleitung des Verbrennungsvorganges dar, der als nutzbringender Faktor für die Energieumsetzung noch nicht angesehen werden kann, da bei plötzlicher Erwärmung sogar eine Temperaturverminderung der Rauchgase auftritt, wie aus folgender einfacher Überlegung hervorgeht.

Würde eine Brennstoffmenge von 1 kg durch plötzliche Wärmezuführung von einer Raumtemperatur von $t_e = 15^0$ auf eine Feuerraumtemperatur von $t_a = 1400^0$ gebracht, so würden

$$Q = c_R (t_a - t_e)\ \text{WE/kg}$$
$$= 0{,}35\ (1400 - 15)$$
$$= 485\ \text{WE/kg gebunden, wenn } c_R = \text{die spez. Wärme der Kohle}$$

in Anbetracht der hohen Temperatur mit 0,35 WE/kg ^{0}C angenommen wird.

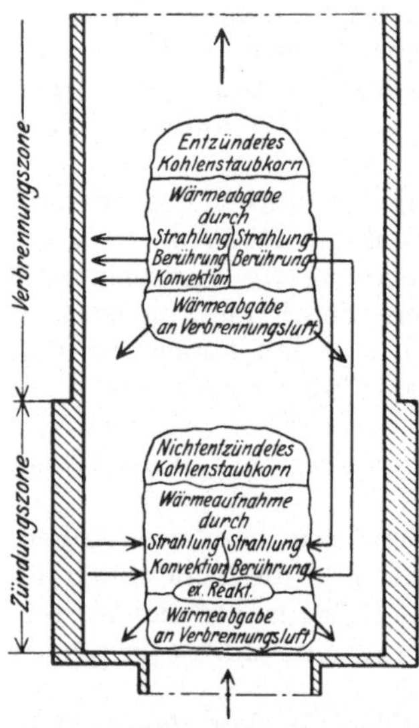

Abb. 1. Schematische Darstellung des „Verbrennungsvorganges" eines Kohlenstaubkorns.

Ginge diese Bindung so plötzlich vor sich, daß eine vorherige teilweise Verbrennung — d. h. also ohne Überschneidung der Erwärmung, Entgasung und Verbrennung — nicht möglich wäre, so fände eine Temperaturverminderung der Feuergase von $\dfrac{485}{6{,}1 \cdot 0{,}25} = 31{,}8^0$ C statt, wenn

6,1 kg/kg = Gewicht der Rauchgase,
0,25 WE/kg ^{0} C = spez. Wärme der Rauchgase ist.

Die Wärmeaufnahme geschieht (vgl. Abb. 1):

1. durch Strahlung der heißen Wandung oder eines Zündfeuers und durch Konvektion des Kohlenstaubluftgemisches mit denselben; dabei dient ein Teil der Wärme zur Temperaturerhöhung des Kohlenstaubkorns, während ein anderer Teil von der Oberfläche des Korns an die kalte Verbrennungsluft strömt[1],

2. durch Strahlung und Berührung brennender und verbrannter Staubkörner,

3. durch exothermische Reaktionen.

2. Stufe: Die Entgasung des Kohlenstaubteilchens liefert für den Verbrennungsvorgang ein Ergebnis, dessen Bewertung für die Nutzbarmachung der Wärmeenergie noch nicht einwandfrei festgestellt ist; die neueste Auffassung geht dahin, daß durch Entgasung Wärme frei wird; allerdings dürfte diese freigewordene Wärmemenge so gering sein, daß sie keinen erheblichen Einfluß auf den Verbrennungsvorgang

---

[1] Vgl. S. 36.

hat. Die Bedeutung der 2. Stufe liegt aber nicht hierin, sondern in der Tatsache, daß erst durch sie der Vorgang, mit dem die nutzbare Energieumsetzung beginnt, eingeleitet wird. Dafür stehen sich zwei Ansichten gegenüber:

1. das feste Kohlenstaubkorn leitet die Verbrennung ein,

2. die durch von außen zugeführte Wärme aus dem Kohlenstaubkorn ausgetriebenen Gase leiten die Verbrennung ein, wobei dem festen Korn nur katalysatorische Wirkung zukommt.

3. Stufe: Die Verbrennung der ausgetriebenen Gase vollzieht sich nach den Verbrennungsgesetzen der Gase. Im Sonderfalle der Kohlenstaubfeuerung kann nun — da die Verbrennung im Grunde genommen ein Kampf zwischen dem im Brennstoff enthaltenen Wasserstoff und Kohlenstoff um den Sauerstoff der Luft ist, bei dem der Wasserstoff als das reaktionsfähigere Element stets dem Kohlenstoff überlegen ist — die Bildung der Gase nur in dem Maße erfolgen, wie das Kohlenstaubkorn freien Wasserstoff enthält, und die Verbrennung des Kohlenstoffs in den ausgetriebenen Gasen nur soweit stattfinden, wie Kohlenstoff mitvergast. Je kleiner nun in einem Gasgemisch das Verhältnis Wasserstoff : Kohlenstoff ist, um so mehr hinkt die Verbrennung des Kohlenstoffs nach; kommt unvollkommene Luftzufuhr oder Abkühlung der Gase hinzu, so werden kohlenstoffreiche Verbindungen ausgeschieden, d. h. es treten nichtausgebrannte Rauchgase auf[1].

4. Stufe: Die Verbrennung der verkokten Staubkörner regelt sich nach den Gesetzen der Verbrennung fester Brennstoffe; denn die Verbrennung eines auf dem Rost getragenen Kohlenstücks und eines vom Luftstrom getragenen Kohlenstaubkorns sind gleichen Wesens.

Was nun die Zersetzung des Kohlenstaubkorns bis zu seiner vollständigen Veraschung betrifft, so ist ohne weiteres ersichtlich, daß nach dem „Anzünden" des Kohlenstaubkorns der frei werdende Wasserstoff niemals ausreichen kann, den gesamten Kohlenstoff zu vergasen. Ein großer Teil des unvergast zurückgebliebenen Kohlenstoffs fällt als fixer Kohlenstoff im Koksstaubkorn an. Dabei ist zu beachten: Je größer das Verhältnis der flüchtigen Bestandteile : festen Bestandteile ist, desto länger wird die Verbrennungszeit des Kohlenstaubkorns, denn bei dem Kampf des Wasserstoffs und Kohlenstoffs um den Sauerstoff wird der Wasserstoff infolge seiner größeren Affinität zu den flüchtigen Bestandteilen durch diese bei der Verbrennung aufgebraucht, ohne daß fester Kohlenstoff mitvergast, so daß das entgaste Staubkorn sehr reich an Kohlenstoff ist und eine lange Verbrennungszeit erfordert[2].

Die Umsetzung in Wärmeenergie spaltet sich also in zwei Vorgänge, gekennzeichnet

1. durch die Verbrennung der Gase, die unter Lebhaftigkeit bei (leuchtender) Flamme vor sich geht und rechnerisch schwer zu erfassen ist, und

---

[1] Vgl. Aufhäuser: Brennstoff und Verbrennungsvorgang, Z. 1917, S. 266.

[2] Versuche mit Flammkoks und Grudestaub in den Staatl. Halsbrücker Hüttenwerken.

2. durch die Verbrennung des Kokses, die mit einer gewissen Trägheit, aber auch einer gewissen Gleichmäßigkeit und Nachhaltigkeit stattfindet und rechnerisch leichter zu klären ist.

Beide Vorgänge sind jedoch so eng aneinandergekettet, daß eine dauernde Überschneidung der beiden Stufen stattfindet, auf der die stetige Fortpflanzung der Kohlenstaubflamme beruht[1]. Diese Überschneidung ist jedoch noch so unerforscht, daß eine rechnerische Erfassung des Zusammenwirkens dieser Einzelstufen nicht möglich erscheint.

2. Die Dauer des gesamten Vorganges.

a) Die Zündzeit. Die von Nusselt vertretene Theorie[2], daß die Verbrennung am festen Kohlenstoffkern beginnt, bestätigen die in Tab. 1 festgelegten Werte. Auf dieser Theorie aufbauend, stellt sich der einfachste Fall des Verbrennungsvorganges in folgender Weise dar:

Tabelle 1. Selbstentzündungstemperatur von Brennstoffen in Grad Celsius.

Brennstoff	Versuche n. Holm (in Luft)[3]	Versuche n. Bunte (in Luft)[4]	Versuche n. Sinnat u. Moore (in Sauerstoff)[5]
Torf (lufttrocken)	280		
Braunkohle	250		
Steinkohle (böhmische)	390		
Anthrazit	440	258	
Holzkohle		248	252
Halbkoks			395
Gaskoks (westf.)		398	505
Gaskoks (oberschl.)		398	535

In einen Feuerraum mit hocherhitzter Wandung wird ein Kohlenstaubkorn von Kugelform[6] bei so großem Luftüberschuß eingeblasen, daß durch die von dem Kohlenstaubkorn (nach seiner Erwärmung) an die Verbrennungsluft übergehende Wärme keine Temperaturerhöhung der Verbrennungsluft eintritt.

Wird bezeichnet mit:

t^0 C bzw. T^0 C abs. — die Temperatur eines Kohlenstaubkorns,

t_f^0 C bzw. T_f^0 abs. — die Temperatur der Feuerraumwandung,

u^0 C — die Temperatur der Verbrennungsluft,

r^m — der Halbmesser des Kohlenstaubkorns,

γ kg/m³ — das spez. Gewicht der Kohle,

c WE/kg ^{0} C — die spez. Wärme der Kohle,

C WE/m² Std. $(^0$ C$)^4$ — die Strahlungszahl der Kohle,

φ — das Winkelverhältnis der Strahlung,

λ WE/m Std. ^{0} C — die Wärmeleitzahl der Luft,

z_0 Std. bzw. sek. — die Zündzeit,

z_r Std. bzw. sek. — die Verbrennungszeit,

---

[1] Vgl. S. 33.　[2] Vgl. Z. 1924, S. 124.　[3] Z. f. angew. Chemie 1913, S. 273. [4] Z. 1911. S. 1289. [5] Gas u. Wasserfach 1922. S. 592. [6] Siehe Anhang S. 72.

so ist die zwischen der Feuerraumausmauerung und dem Kohlenstaubkorn ausgetauschte Gesamtwärmemenge/Std.:

$$Q = \varphi \cdot C \cdot 4\,r^2\,\pi \left[\left(\frac{T_f}{100} \right)^4 - \left(\frac{T}{100} \right)^4 \right]. \tag{1}$$

Zur Erhöhung der Temperatur des Staubkorns dient die Wärmemenge:

$$q_1 = \frac{4}{3} \cdot \pi \cdot r^3 \cdot c \cdot \gamma \cdot \frac{dt}{dz}, \tag{2}$$

während durch Wärmeleitung von dem Kohlenstaubkorn an die Verbrennungsluft übergeht die Wärmemenge:

$$q_2 = 4 \cdot \pi \cdot r \cdot \lambda\,(t - u), \tag{3}$$

wobei $\lambda = \alpha \cdot r$ die Wärmeübergangszahl zwischen Kohle und Verbrennungsluft ist und α zwischen 4 und 8 schwankt (nach Nusselt).

Nun ist:
$$Q = q_1 + q_2$$
$$q_1 = Q - q_2$$

$$\frac{4}{3} \cdot \pi \cdot r^3 \cdot c \cdot \gamma \cdot \frac{dt}{dz} = \varphi \cdot C \cdot 4 \cdot \pi \cdot r^2 \left[\left(\frac{T_f}{100} \right)^4 - \left(\frac{T}{100} \right)^4 \right] - 4 \cdot \pi \cdot r \cdot \lambda\,(t - u)\,; \tag{4}$$

$\left(\dfrac{T}{100} \right)^4$ kann praktisch gegen $\left(\dfrac{T_f}{100} \right)^4$ vernachlässigt werden; sodann ist:

$$\frac{r^3 \cdot c \cdot \gamma}{3} \cdot \frac{dt}{dz} + \lambda\,(t - u) - \varphi \cdot C \cdot r \cdot \left(\frac{T_f}{100} \right)^4 = 0. \tag{5}$$

Wird für $z = 0$ die Temperatur der Verbrennungsluft gleich der Temperatur des Staubkorns, so erfolgt die Lösung der Gleichung (5) durch

$$t = u + \frac{\varphi \cdot C \cdot r}{\lambda} \left(\frac{T_f}{100} \right)^4 \cdot \left(1 - e^{\frac{-3 \cdot \lambda}{c \cdot \gamma \cdot r^2} \cdot z} \right). \tag{6}$$

Die Gleichung besagt, daß die Temperatur des Staubkorns mit der Größe des Staubkorns und der Temperatur der Ausmauerung wächst; sie erreicht einen Grenzwert mit:

$$t_\infty = u + \frac{\varphi \cdot C \cdot r}{\lambda} \cdot \left(\frac{T_f}{100} \right)^4. \tag{7}$$

Durch Substitution der Gleichungen (6) und (7) erhält man

$$(t - u) = (t_\infty - u) \cdot \left(1 - e^{\frac{-3\,\lambda}{c \cdot \gamma \cdot r^2} \cdot z} \right). \tag{8}$$

Da die Verbrennung erst dann eintreten kann, wenn die Selbstentzündungstemperatur des Staubkorns t_c erreicht ist, so muß sein

$$t_\infty > t_c. \tag{9}$$

Es folgt aus Gleichung (7)

$$t_\infty - u = \frac{\varphi \cdot C \cdot r}{\lambda} \cdot \left(\frac{T_f}{100} \right)^4,$$

aus Gleichung (9)

$$t_c - u < \frac{\varphi \cdot C \cdot r}{\lambda} \left(\frac{T_f}{100}\right)^4 \qquad (10)$$

oder nach der Größe des Kohlenstaubkorns aufgelöst:

$$r > \frac{\lambda (t_c - u)}{\varphi \cdot C \cdot \left(\dfrac{T_f}{100}\right)^4} . \qquad (11)$$

Dieser von Nusselt aufgestellten Theorie ist die Grundlegung wesentlicher Begriffe für die allgemeine Erfassung des Zündungsvorganges eines festen Brennstoffes nicht abzusprechen; für den Sonderfall der Kohlenstaubfeuerung ist sie aber nur von theoretischer Bedeutung, da einerseits die Kugelgestaltung des Staubkorns und andererseits die Verbrennung eines Einzelkorns unter sehr großem Luftüberschuß — wie sie die Aufstellung der Gleichung erforderte — praktisch nicht eintretende Erscheinungen sind.

Tabelle 2. Selbstentzündungstemperatur von gasförmigen Brennstoffen in Luft bei 0° C [1].

Brennstoff	Zusammensetzung	° C
Methan	CH_4	650—750
Wasserstoff	H_2	580—590
Äthylen	C_2H_4	542—547
Alkohol	C_2H_6O	510
Azetylen	C_2H_2	406—440
Äther	$C_4H_{10}O$	400

Aus einer Gegenüberstellung der Werte der Tab. 1 und Tab. 2 geht hervor, daß die Zündpunkte fester Brennstoffe niedriger liegen als diejenigen von Gasen, und zwar scheint die Annahme sich zu bestätigen, daß die Zündung eines Brennstoffes um so leichter erfolgt, je verwickelter seine molekulare Zusammensetzung ist. Diese Erscheinung ist dadurch zu erklären gesucht, daß die Spaltung eines verwickelten Moleküls leichter vor sich geht als die eines einfachen. Da nun die Entgasung des Braunkohlenstaubkorns bereits bei 110° C beginnt und bei stetiger Verbrennung unmittelbar eine stetige Entzündung des Gases erfolgt, geht die Auffassung vieler Fachleute dahin, daß die Verbrennung des Gases bereits stattfindet, während die Entzündungstemperatur des anfallenden Koksstaubkorns noch nicht erreicht ist[2]. Meines Erachtens zünden jedoch die festen Kohlenstaubkerne infolge ihrer größeren Wärmeaufnahmefähigkeit (gefördert durch die sehr große Oberfläche der Staubkörner, vgl. Tab. 25 und 26) zuerst; ihre Verbrennung vollzieht sich aber, weil sie eine Oberflächenreaktion ist[3], langsam. Demgegenüber zünden die bei der Erwärmung des Staubkorns frei werdenden Gase

---

[1] Hütte, 23. Aufl., S. 472.

[2] Schulte: Der Verbrennungsvorgang bei der Kohlenstaubfeuerung. Glückauf 1924, S. 974.

[3] Vgl. S. 37.

infolge ihrer höheren Selbstentzündungstemperatur später; sie verbrennen jedoch, weil ihre Verbrennung eine Volumenreaktion darstellt, schneller. Diese Ansicht wird bestätigt durch die Erscheinung, daß einerseits bei Beginn der Beschickung eines nicht genügend vorgewärmten Feuerraumes sich ein Funkenschleier glühender Staubkörner in einer dichten Wolke unverbrannter Rauchgase bildet, und daß andererseits die Zündung dieser Rauchgaswolke bei jeder Kohlenstaubfeuerung in Form einer — je nach dem im Feuerraum herrschenden Unterdruck verschieden starken — Verpuffung erfolgt, und zwar erst dann, wenn der Funkenschleier bereits beobachtet ist.

Nun besagt Gleichung (11), die nur unter Voraussetzung des einfachsten Falles, d. h. Zündung eines Staubkorns bei sehr großem Luftüberschuß, Gültigkeit hat:

1. Die Staubkorngröße hat einen unteren Grenzwert.

2. Die Staubkorngröße wächst mit der Selbstentzündungstemperatur des Brennstoffes.

3. Die Staubkorngröße sinkt mit der Wandtemperatur des Feuerraumes.

Unter Zugrundlegungung von

$\varphi = 1$ — Winkelverhältnis der Strahlung,

$C = 4{,}69\ \text{kgcal/m}^2$ Std. Grad^4 — Strahlungszahl der Kohle,

$u = 20^0$ C   — Temperatur der Verbrennungsluft,

ergeben sich für die Staubkorngrenzhalbmesser die in Tab. 3 angeführten Werte.

Tabelle 3. Staubkorngrenzhalbmesser „r" mm.

Wand-temperatur „t_f" °C	Selbstentzündungstemperatur „tc" °C					
	200	250	300	350	400	500
800	0,076	0,105	0,134	0,165	0,198	0,270
900	0,054	0,073	0,093	0,115	0,139	0,188
1000	0,039	0,053	0,067	0,093	0,1	0,136
1100	0,028	0,039	0,049	0,061	0,073	0,1
1200	0,022	0,03	0,039	0,048	0,057	0,078
1300	0,017	0,023	0,029	0,036	0,043	0,058
1500	0,01	0,014	0,018	0,022	0,026	0,036

Zur Gegenüberstellung ist Staubkornhalbmesser und Wandtemperatur des für die Versuche zur Verfügung stehenden Kohlenstaubs in

Tabelle 4. Staubkornhalbmesser in Abhängigkeit von der Wandtemperatur bei gleicher Zündzeit z_0 (versuchsmäßig).

Wand-temperatur (glühende Eisenplatten)	Staubkorn-halbmesser	Selbstentzündungstemperatur	Zündzeit z_0
°C	„r" mm	°C	sec.
1000—1100	0,115	250—300	2,5—3,0
900—950	0,074	250—300	2,5—3,0
700—820	0,053	250—300	2,5—3,0
700—1000	0,0335	250—300	2,5—3,0

Tab. 4 aufgeführt. Die Untersuchungen wurden mit Kohlenstaub verschiedener Mahlfeinheit und einer Selbstentzündungstemperatur von etwa 250—300⁰ C in der in Abb. 2 wiedergegebenen Brennkammer durchgeführt. Bei einer Temperatur der Ausmauerung von 700—800⁰ C wurden bei gleicher Einblasegeschwindigkeit gleiche Kohlenstaubmengen über glühende Eisenplatten verschiedener Temperatur bei etwa gleicher Zündzeit (2,5—3,0 sek.) geblasen und die in Tab. 4 aufgeführten

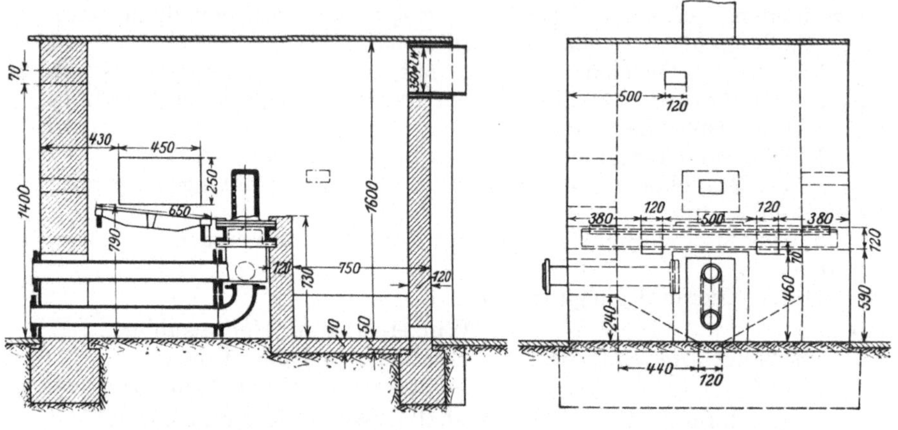

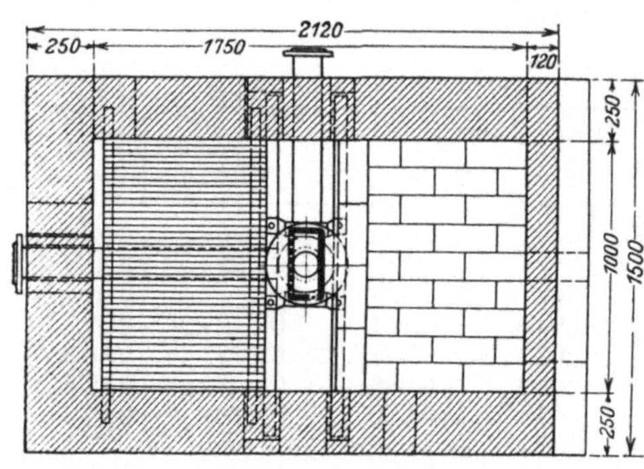

Abb. 2. Versuchsbrennkammer.

Ergebnisse erzielt. Da jedoch die Brennkammer zu anderen Zwecken (Prüfung verschiedener Kohlenstaubbrenner und Festlegung der Rückzündungsgeschwindigkeit verschiedener Kohlenstaubluftgemische) gebaut war, konnten diese beiläufigen Versuche nur roh ausgeführt werden und haben lediglich bedingte Gültigkeit.

Aus Tab. 3 bzw. Gleichung (11) läßt sich die sich unmittelbar ergebende Folgerung ableiten:

Überschreitet bei konstanter Wandtemperatur und Selbstentzündungstemperatur der Staubkornhalbmesser einen der Wandtemperatur und Selbstentzündungstemperatur zugehörigen Grenzwert, so ist die Zeit, die bis zur Entzündung des Staubkorns vergeht, die Zündzeit. Sie läßt sich aus Gleichung (8) errechnen; es soll aber auf die verwickelte Form dieser Zündzeitgleichung wegen ihrer Bedeutungslosigkeit für die Praxis hier nicht näher eingegangen werden.

In dem obigen einfachsten Fall soll nun die Voraussetzung, daß das Kohlenstaubkorn unter so großem Luftüberschuß in den Feuerraum ein-

geblasen wird, daß keine Erwärmung der Verbrennungsluft eintritt
(u = const.), durch den wirklichen Vorgang ersetzt werden. Dann erscheint Gleichung (3), da durch die vom Kohlenstaubkorn an die Verbrennungsluft abgegebene Wärme die Temperatur der Luft stetig erhöht
wird, in folgender Form, wenn

L_0 — die zur vollkommenen Verbrennung von einem Kilogramm
      Kohlenstaub theoretisch notwendige Luftmenge,
c_p — die spez. Wärme der Luft ist,

$$4 \cdot \pi \cdot r \cdot \lambda (t - u) dz = L_0 \cdot c_p \cdot \frac{4}{3} \cdot \pi \cdot r^3 \cdot \gamma \cdot du \qquad (12)$$

oder

$$\frac{du}{dz} = \frac{3 \cdot \lambda (t - u)}{L_0 \cdot c_p \cdot \gamma \cdot r^2} . \qquad (13)$$

Nach Gleichung (5) besteht die Beziehung

$$\frac{r^3 \cdot c \cdot \gamma}{3} \cdot \frac{dt}{dz} + \lambda (t - u) - \varphi \cdot C \cdot r \cdot \left(\frac{T_f}{100}\right)^4 = 0 ,$$

so daß sich nach Auflösung dieser nebeneinander bestehenden Differen-
tialgleichungen (13) und (5) der Wert der Zündzeit erfassen ließe. Die
Lösung dieses gleichzeitigen Systems der beiden Gleichungen ist im-
plizit; für den Gebrauch in der Praxis kommt ihr deshalb keine Bedeutung zu. In Tab. 5 sind jedoch die von Nusselt nach dieser Theorie
errechneten Werte wiedergegeben; ihnen liegt zugrund eine Selbstentzündungstemperatur des Staubkorns von 250° C, eine Wandtemperatur
des Feuerraums von 1300° C, eine Luftüberschußzahl von 1,2 und eine
Grenztemperatur des Staubkorns nach $t\infty$. Die Werte sind hier lediglich angeführt, um einen Begriff über das Größenverhältnis der Zündzeit zu geben.

Tabelle 5. Zündzeit für Steinkohlenstaub[1].

Staubkornhalb-messer „r" mm	0,001	0,005	0,01	0,02	0,05	0,1	0,5
$t\infty$ ° C	20	20	20	20,2	148	461	1120
z_0 sek.	∞	∞	∞	∞	0,041	0,108	0,89

Die versuchsmäßige Festlegung der Zündzeit ist mir, und meines
Wissens auch an anderer Stelle, nicht gelungen und dürfte auch sehr
schwer durchzuführen sein[2]. Beim Anlassen einer Feuerung mißt man
diejenige Zeit, in der die Zündung nach genügender Staubkonzentration[3]
erfolgt, und im Dauerzustande des Verbrennungsvorganges kann man

---

[1] Siehe Z. 1924, S. 126: Nusselt, Verbrennungsvorgang in der Kohlenstaubfeuerung.

[2] In letzter Zeit haben neuere Versuche von Steinbrecher, Braunkohlen-
forschungsinstitut, Freiberg, wertvolle Beiträge zur Erfassung der Zündzeit
ergeben.   [3] Vgl. S. 33.

versuchsmäßig die Zündzeit nur indirekt ermitteln, derart, daß man bei sehr großer Austrittsgeschwindigkeit des Kohlenstaubluftgemisches von der Einblasegeschwindigkeit und dem zurückgelegten Weg des noch nicht entzündeten Staubkorns auf die Zündzeit schließen kann; die so ermittelten Werte sind naturgemäß so ungenau, daß ihnen eine praktische Bedeutung nicht zukommt.

Da die Zündzeit ein nutzloser Faktor in der Energieumsetzung ist, muß sie möglichst klein gehalten werden; den Weg dazu geben die obigen Gleichungen (13) und (5) an; sie fordern:

1. kleine Staubkorngröße,
2. hohe Wandtemperatur,
3. Vorwärmung der Luft.

Die angestellten Versuche zeigten ferner, daß unmittelbar vor dem Austritt aus dem Brenner eine innige Durchmischung des Kohlenstaubs mit der Luft, Verteilung des Kohlenstaubluftgemisches beim Austritt aus der Leitung über einen möglichst großen Austrittsquerschnitt, die Zerlegung in eine große Anzahl Einzelströme, wesentliche Voraussetzungen für die Verkürzung der Zündzeit sind. Es soll an dieser Stelle nicht unerwähnt bleiben, daß dem Brenner in der Hauptsache der Einfluß auf gute Zündung und kurze Zündzeit zukommt, während einer guten Verbrennung und kurzen Verbrennungszeit andere Faktoren zugrunde liegen.

b) Die Verbrennungszeit. Die Verbrennung des Kohlenstaubkorns beginnt, wenn durch Wärmeaufnahme von außen die Oberfläche des in den Feuerraum eingeblasenen Staubkorns auf die Selbstentzündungstemperatur der Kohle gebracht ist. Die Geschwindigkeit der Verbrennung ist dann abhängig von der Schnelligkeit, mit der der Oberfläche des Kohlenstaubkorns aus dem eingeblasenen Luftstrom Sauerstoff zugeführt wird. Wird die theoretisch notwendige Luftmenge so zugesetzt, daß jedes Sauerstoffmolekül, sobald es das auf seine Selbstentzündungstemperatur gebrachte Staubkorn erreicht, zu Kohlensäure verbrennt, so ist die Verbrennung vollständig. In dem Augenblick, wo die Selbstentzündungstemperatur erreicht ist, hat die Entgasung des Korns bereits teilweise stattgefunden, und während jetzt der erste Abschnitt der Nutzbarmachung der Wärmeenergie, d. h. die Verbrennung des festen Kohlenstaubkorns, vor sich geht, läuft dieser Verbrennung parallel die weitere Entgasung, bis der Zündpunkt der zuerst frei gewordenen Entgasungsprodukte erreicht ist. — Der einsetzende Entgasungsvorgang und der sich anschließende Verbrennungsvorgang der Entgasungsprodukte und der gleichzeitig stattfindende Verbrennungsvorgang der Kohlenstaubkörner bzw. der verkokten Staubkerne sind in ihrem zeitlichen Verlauf noch so unerforscht, daß für die Entwicklung der Verbrennungszeit nur ein gleichmäßiges Abbrennen des Staubkorns betrachtet werden kann. Es mag dabei erwähnt werden, daß bei der größeren Mehrzahl der vorhandenen Kohlenstaubfeuerungen die schnelle Verbrennung der Gase in sauerstoffreicher Luft erfolgt, während die langsame Verbrennung des Koksstaubkerns unter Sauerstoffmangel leidet.

Wird die ganze, zur Verbrennung des Brennstoffes notwendige Luftmenge durch den Brenner eingeblasen, so verbrennen die ausgetriebenen
Gase infolge der schnellen Diffusion mit der Verbrennungsluft in sehr
kurzer Zeit restlos[1], während die langsamer erfolgende Verbrennung des
verkokten Staubkorns dann unter Luftmangel vor sich geht. Wird dagegen nur die zur Förderung des Kohlenstaubs notwendige Luftmenge
durch den Brenner geführt, so entsteht die Möglichkeit, daß diese Luft
nicht einmal zur Verbrennung der Gase ausreicht; praktisch ergeben
sich dann Funkenschleier, im günstigsten Falle Flammenstöße[2].

Abb. 3 gibt einen Überblick über den Luftbedarf verschiedener
Kohlensorten — bezogen auf Reinkohle — getrennt nach Luftbedarf
für flüchtige und feste Bestandteile. Es beträgt z. B. für Braunkohlen-

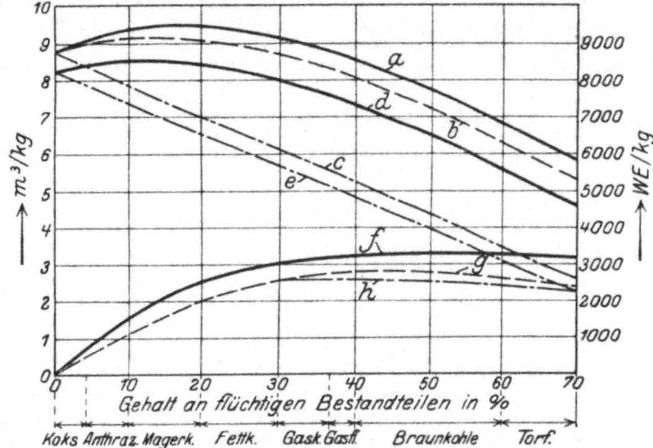

Abb. 3. Luftbedarf, Rauchgasmenge und Heizwert bei Reinkohle[3].

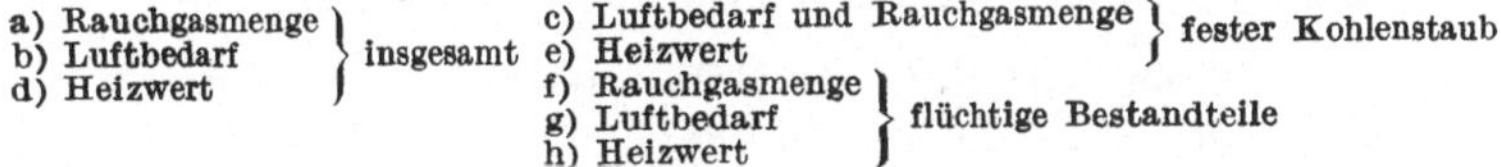

a) Rauchgasmenge
b) Luftbedarf } insgesamt
d) Heizwert

c) Luftbedarf und Rauchgasmenge } fester Kohlenstaub
e) Heizwert

f) Rauchgasmenge
g) Luftbedarf } flüchtige Bestandteile
h) Heizwert

staub mit 50 vH flüchtigen Bestandteilen der Luftbedarf (L) für die
flüchtigen Bestandteile etwa 2,8 m³/kg und für die festen Bestandteile
etwa 4,4 m³/kg. Die flüchtigen Bestandteile beanspruchen demnach
etwa 40 vH des zur vollkommenen Verbrennung notwendigen Luftbedarfs.
Da sich nun bei der versuchsmäßigen Erfassung der Verbrennungszeit[4]
zeigt, daß diese am kürzesten bei einem Luftüberschuß von L_n etwa
1,3 L_0 (L_0 = theoretischer Luftbedarf) ist, und da die festen Kohlen-
stoffkerne bereits — ehe die Zündung der ausgetriebenen Gase erfolgt —
schon verbrennen, so unterliegt die Bemessung der Erstluftmenge, die
— wie allgemeinüblich — praktisch die Förderluftmenge ist, nicht nur
der Förderung den Kohlenstaub in der Schwebe fortzubewegen, sondern
auch den Verbrennungsbedingungen, die durch die Beschaffenheit des
Kohlenstaubs gegeben sind.

---

[1] Stahl und Eisen 1925, S. 1553. [2] Vgl. S. 18 u. 35.
[3] Schulte: Neuere Erkenntnisse und Richtlinien der Feuerungstechnik.
Z. 1925. S. 942. [4] Vgl. S. 18.

Der zweite Abschnitt der Nutzbarmachung der Wärmeenergie beruht auf der Verbrennung der durch die Entgasung verkokten Staubkörner. Das wirksamste Mittel, diese Verbrennung zu unterstützen, ist die Zuführung vorgewärmter Frischluft auf die Flammenspitze. Während der Verbrennung des verkokten Staubkorns wird die Verbrennungsluftmenge immer geringer; hat die Verbrennung der ausgetriebenen Gase unter Luftüberschuß stattgefunden, so verschwindet die Verbrennungsluftmenge zuletzt vollständig; damit wird die Verbrennungszeit unendlich lang, d. h. das Staubkorn brennt nicht aus. Wird nun aber auf die Flammenspitze vorgewärmte Frischluft geblasen, so werden die ungünstigen Verbrennungsbedingungen für den Koksstaub umgekehrt, d. h. er verbrennt jetzt in sauerstoffreicher Luft: die Verbrennung wird abgekürzt und beschleunigt, die Flammenlänge wird kürzer.

In seiner grundlegenden Arbeit kommt Nusselt auf Grund umfangreicher Berechnungen für die Verbrennungszeit zu folgendem Wert[1]:

$$z_v = \frac{144 \cdot \gamma \cdot r^2 \cdot L_0}{D_0 \cdot T_m} \text{ in Std.} \tag{14}$$

oder

$$z_v = \frac{144 \cdot \gamma \cdot r^2 \cdot L_0}{D_0 \cdot T_m} \cdot 3600 \text{ in sek.,} \tag{14a}$$

d. h. die Verbrennungszeit ist direkt proportional dem Quadrat der Korngröße.

Tabelle 6. Verbrennungszeit für Braunkohlenstaub.

„r" mm	0,5	0,3	0,15	0,115	0,074	0,053	0,05	0,0335	0,03	0,015	0,005	0,003
z_v^{s3k} 1400⁰	9,13	3,29	0,82	0,524	0,24	0,1	0,091	0,043	0,032	0,0082	0,0009	0,0003
800⁰	12,03	4,33	1,08	0,692	0,264	0,135	0,12	0,056	0,043	0,01	0,012	0,0004

Ist D_0 — 0,0695 m²/Std. — Diffusionszahl beim Normalzustand der Gase (1 at und 288⁰ C abs.),

L_0 — 5,5 m³/kg — theoretischer Luftbedarf für 1 kg Kohlenstaub (15⁰, 1 at),

t_0 — 15⁰ C die Temperatur der Verbrennungsluft,

t_1 — 1400⁰ bzw. 800⁰ C — die Temperatur des Feuerraums,

γ — 700 kg/m³,

T_m $- \dfrac{T_1 - T_0}{\ln \dfrac{T_1}{T_0}} -$ die Mitteltemperatur abs. des Temperaturfeldes,

so gibt Tab. 6 die rechnerischen Werte der Verbrennungszeit für Braunkohlenstaub ($L_0 = 5,5$ m³/kg) bei einer Feuerraumtemperatur von 1400⁰ bzw. 800⁰ C an; entsprechend veranschaulicht Abb. 4 im Raumdiagramm die Abhängigkeit der Verbrennungszeit von Staubkornhalbmesser und Feuerraumtemperatur.

Aus weiter unten ausgeführten Versuchen ergibt sich jedoch, daß die nach Gleichung (14a) errechneten Werte zu niedrig liegen; diese

---

[1] Z. 1924, S. 128.

Erscheinung beruht meines Erachtens darauf, daß die Nusseltsche Gleichung (14) aufgestellt ist ohne Berücksichtigung der Temperaturerhöhung der Verbrennungsluft und der Veränderung der Zusammensetzung der Verbrennungsluft. Gleichung (14) muß deshalb mit einer Funktion, die diesen Einflüssen Rechnung trägt, in Beziehung gebracht werden. Die zahlenmäßige Erfassung dieses Einflusses ist mir bisher nicht gelungen, die Errechnung nach Nusselt[1]

ist für die Praxis zu verwickelt; dazu scheinen die Ergebnisse auf Grund teilweise gegenteiliger Versuchswerte mit Vorsicht aufzunehmen zu sein. Deshalb ist die Beeinflussung der Verbrennungszeit durch diese Funktion versuchsmäßig auf Grund umfangreicher UntersuchungenAudiberts[2] ermittelt; diese Ergebnisse sind durch weiter unten angeführte eigene Versuche bestätigt worden.

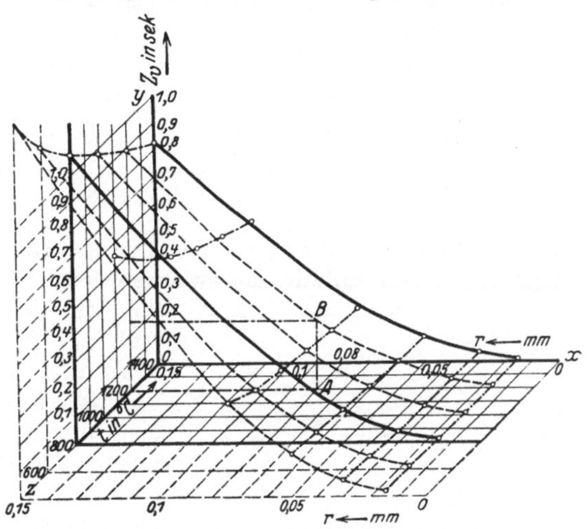

Abb. 4. Verbrennungszeit in Abhängigkeit von Staubkornhalbmesser und Feuerraumtemperatur.

Beispiel: z_v für Braunkohlenstaub von einer Korngröße. $r = 0{,}08$ mm bei einer Feuerraumtemperatur von 1200^0 C ist zu bestimmen.

In der $x - z$-Ebene folgt man der Kennlinie 1200^0 C bis zum Schnittpunkt A mit der Kennlinie $r = 0{,}08$ mm. Die in A errichtete Senkrechte trifft im Schnitt B die zur Temperatur 1200^0 zugehörige Kurve der Verbrennungszeit, die mit $z_v = 0{,}26$ sek. abgelesen wird.

(Das Raumdiagramm ist allgemeingültig für Braunkohlenstaub, wenn der für z_v abgegriffene Wert mit $\dfrac{5{,}5}{L}$ multipliziert wird, wobei L der theoretisch notwendige Luftbedarf des zu untersuchenden Braunkohlenstaubes ist.)

Den von Audibert angestellten Versuchen liegen die in Tab. 7 aufgeführten Kohlensorten zugrunde; die Auswertung ist wiedergegeben in

Abb. 5 die Verbrennungszeit in Abhängigkeit vom Luftüberschuß bei einer Staubkorngröße von $r = 0{,}06$ mm,

Abb. 6 die Verbrennungszeit in Abhängigkeit vom Luftüberschuß bei

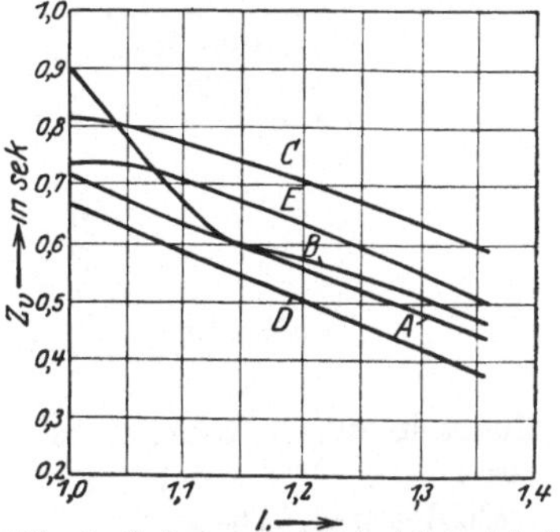

Abb. 5. Verbrennungszeit in Abhängigkeit vom Luftüberschuß bei Staubkorngröße $r = 0{,}06$ mm. (Versuch von Audibert.)

---

[1] Z. 1924, S. 129.

[2] Revue de l'Industrie Minérale Nr. 73, S. 1—32.

Tabelle 7. Kohlenstaub analysen (Audibert-Versuche).

Kohle	Braunkohle A vH	Steinkohle			
		B vH	C vH	D vH	E vH
Feuchtigkeit	15,0	2,37	2,6	2,5	1,5
Asche	9,8	28,12	14,4	15,7	14,7
Flüchtige Bestandteile . .	42,65	29,19	32,4	22,1	19,5
Fester Kohlenstoff . . .	32,55	40,34	51,6	61,3	63,3
Flüchtige Bestandteile der reinen u. trocknen Kohle	56,7	41,99	38,5	26,5	23,5
H	5,11	4,61	5,4	4,5	5,0
C	67,06	79,88	81,4	85,6	87,15
S	10,35	2,22	1,3	1,25	1,35
N	1,03	1,04	0,6	2,05	1,35
O	16,45	12,25	11,3	6,6	5,15

einer Staubkorngröße von $r = 0,033$ mm. Die Korngröße $r = 0,06$ mm entspricht einer Feinheit, die zwischen dem 2500 und 4900 — Maschen-

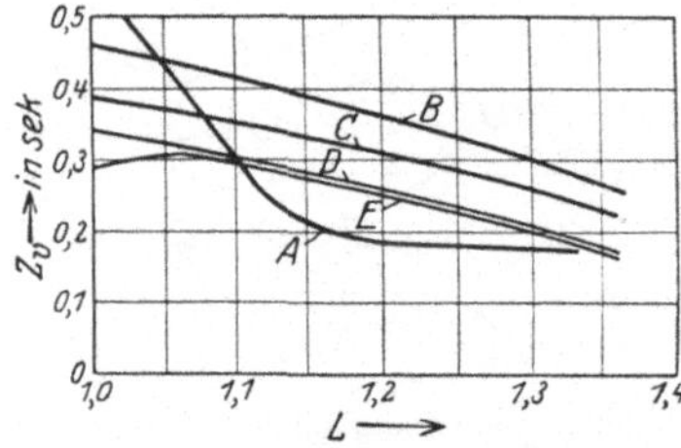

Abb. 6. Verbrennungszeit und Abhängigkeit von Luftüberschuß bei Staubkorngröße $r = 0,033$ mm. (Versuch von Audibert.)

sieb deutscher Normung oder dem Sieb Nr. 120 und 140 amerikanischer Normung liegt; die Korngröße $r = 0,033$ mm entspricht einer Feinheit, die größer als die des 6400-Maschensiebs deutscher Normung ist, oder die zwischen Sieb Nr. 220 und 240 amerikanischer Normung liegt[1]. Die eigenen Untersuchungen erstreckten sich auf Braunkohlenstaub, dessen Beschaffenheit Tab. 8 angibt, und der gleichzeitig mit seiner zur Verbrennung notwendigen Luftmenge in einen Feuerraum von etwa 1350° C Temperatur eingeblasen wurde. Die Versuche wurden durch-

Tabelle 8. Braunkohlenstaubanalyse.

Braunkohlenstaub	vH
Flüchtige Bestandteile	32,0
Feuchtigkeit.	9,4
Asche	6,4
C	55,6
H	4,5
S	2,1
O + N	23,0
Mahlfeinheit . . . . a	$r = 0,0335$ mm
b	$r = 0,074$ mm

geführt in einem Rohr, dessen lichter Durchmesser 520 mm betrug und dessen innere Wandung mit einem Schamottemantel von 40 mm Stärke verkleidet war. Diese Rohrkammer, die mit seitlichen, im Abstand von

---

[1] Nach dem Merkblatt der Kohlenstaubprüfsiebe des Kohlenstaubausschusses des Reichskohlenrats: Tgb. Nr. 151. 1. 25. bzw. Nr. 73 b. 1. 27.

500 mm angebrachten, verschließbaren Öffnungen versehen war, bildete den Abzug der Brennkammer (Abb. 2), in der ein Brenner unmittelbar vor dem Eintritt in das Versuchsrohr aufgestellt war. Durch die Öffnungen wurden einerseits mittels optischen Pyrometers die Feuerraumtemperaturen gemessen, und andererseits mittels einer Wasserstrahlpumpe Staubaschenkörner aus dem Rauchgasstrom abgesaugt, die auf brennbare Bestandteile untersucht wurden, bzw. Rauchgase zu Gasanalysen entnommen. Bei diesen Versuchen wurde nun festgestellt, daß in den Zonen, in denen die veraschten Staubkörner keine brennbaren Bestandteile mehr zeigten, auch die Rauchgasanalysen keine unverbrannten Gase mehr enthielten. Deshalb wurden den weiteren Untersuchungen nur die Rauchgasanalysen zugrunde gelegt; damit wurde

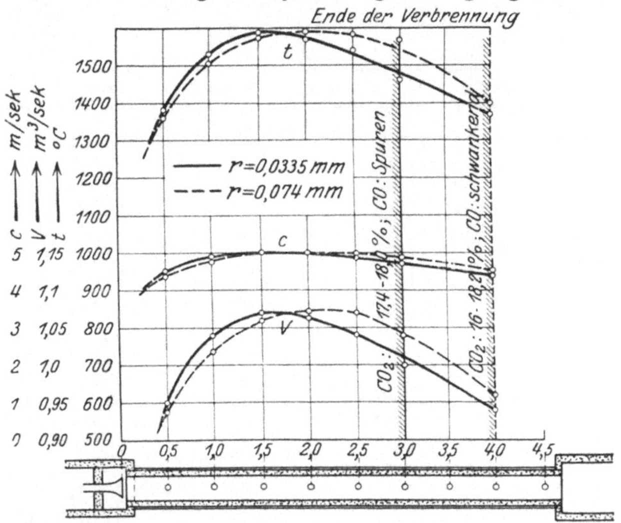

Abb. 7. Temperatur (t), Rauchgasgeschwindigkeit (c), Rauchgasvolumen (v) und Ende der Verbrennung bei $L_n = L_0$ für Staubkorngröße $r = 0{,}0335$ mm und 0,074 mm.

gleichzeitig in der Auswertung eine Ungenauigkeit, die in der Unkenntnis des Gesetzes der Relativbewegung[1] des Staubkorns in dem Rauchgasstrom liegt, soweit ausgeschaltet, daß die Versuchsergebnisse brauchbare Grenzwerte der Verbrennungszeit lieferten.

In Abb. 7—10 ist gemäß Tab. 9 in Abhängigkeit von der Länge der Rohrkammer die Temperatur (t), das tatsächliche Rauchgasvolumen (v) und die Geschwindigkeit der Rauchgase (c) festgelegt für Braunkohlenstaub von $a = 0{,}0335$ mm und $b = 0{,}074$ mm; Abb. 11 gibt die Verbrennungszeit in Abhängigkeit vom Luftüberschuß wieder. Es soll nicht unerwähnt bleiben, daß bei der Durchführung der Untersuchungen eine

---

[1] Archiv für Wärmewirtschaft 1925, Nr. 3. Nusselt: Strömungswiderstand von Kohlenstaub in Luft oder anderen zähen Flüssigkeiten. — Journal of the Franklin Institute 1925, S. 199. Blizard: The terminal velocity of particles of powdered coal falling in air or other viscous fluid. — Annales des mines 1922, S. 153. Audibert: Etude de l'entraînement du poussier par un courant d'air.

Reihe von Fehlern auftraten, so daß die Bestimmung der Verbrennungszeit nur eine Annäherung darstellen kann. Folgende Erscheinungen bedingen die Fehler bzw. die Ungenauigkeiten:

Tabelle 9. Verbrennungszeit nach Versuchen.

1	2	3	4	5	6	7	8	9	10	11	12
r Staubkornhalbmesser	L_n Luftmenge	b Kohlenstaubmenge/Min.	B Kohlenstaubmenge/Std.	T abs. Feuerraumtemperatur abs.	$V' = \dfrac{(1+L_n)\cdot v\cdot B}{3600}$ sek. Rauchgasvolumen bei $0°$ C u. 760 m/m Q.S.	$V = \dfrac{V'\cdot T}{273}$ tatsächliches Rauchgasvolumen	F Querschnitt des Feuerraumes	$\dfrac{V}{F}$	c_m mittlere Geschwindigkeit der Rauchgase	s Länge des Brennweges	z_v Verbrennungszeit
mm	kg/kg	kg/min	kg/Std.	° C	m³/sek.	m³/sek.	m²	m/sek.	m/sek.	m	sek.
0,0335	$1\,L_0 = 7,33$	1,45	87	1380+273	0,158	0,955	0,212	4,5	4,67	3,0	0,64
				1530+273		1,044		4,9			
				1590+273		1,075		5,07			
				1570+273		1,06		5,0			
				1540+273		1,045		4,94			
				1460+273		1,0		4,72			
				1370+273		0,946		4,46			
	$1,1\,L_0 = 8,05$	1,45	87	1310+273	0,172	1,0	0,212	4,72	4,95	2,5	0,505
				1500+273		1,11		5,24			
				1520+273		1,13		5,34			
				1510+273		1,12		5,29			
				1500+273		1,115		5,36			
				1410+273		1,08		5,7			
				1340+273		1,01		4,76			
	$1,3\,L_0 = 9,5$	1,45	87	1200+273	0,199	1,075	0,212	5,07	5,36 bis 5,48	2,0	0,373 bis 0,458
				1420+273		1,23		5,8			
				1460+273		1,27		6,0			
				1480+273		1,28		6,04			
				1480+273		1,28		6,04			
				1430+273		1,24		5,85			
				1310+273		1,15		5,42			
	$1,5\,L_0 = 11,0$	1,45	87	1220+273	0,227	1,24	0,212	5,85	6,04	2,5	0,415
				1400+273		1,39		6,55			
				1420+273		1,41		6,65			
				1400+273		1,39		6,55			
				1400+273		1,39		6,55			
				1300+273		1,31		6,18			
				1280+273		1,29		6,1			
0,074	$1\,L_0 = 7,33$	1,45	87	1360+273	0,158	0,94	0,212	4,44	4,67	4,0	0,599
				1505+273		1,025		4,84			
				1570+273		1,06		5,0			
				1590+273		1,075		5,07			
				1585+273		1,072		5,07			
				1570+273		1,04		4,9			
				1400+273		0,965		4,55			
	$1,1\,L_0 = 8,05$	1,45	87		0,172		0,212				
Keine Werte											
	$1,3\,L_0 = 9,5$	1,45	87	1150+273	0,199	1,04	0,212	4,92	5,47	3,0	0,55
				1380+273		1,205		5,68			
				1480+273		1,28		5,09			
				1460+273		1,27		6,0			
				1450+273		1,265		5,96			
				1400+273		1,22		5,75			
				1310+273		1,15		5,42			
	$1,5\,L_0 = 11,0$	1,45	87	1150+273	0,227	1,18	0,212	5,68	6,05	3,0÷4,0	0,496÷0,66
				1400+273		1,39		6,55			
				1410+273		1,4		6,6			
				1400+273		1,39		6,55			
				1380+273		1,38		6,5			
				1350+273		1,35		6,36			
				1300+273		1,31		6,18			

Die mittlere Geschwindigkeit (c_m) wurde nach Planimetrierung der Geschwindigkeitskurve gefunden, die ihrerseits für die einzelnen Meßstellen aus dem errechneten, tatsächlichen Rauchgasvolumen und dem Rohrkammerquerschnitt ohne Berücksichtigung der parabolischen Form der Geschwindigkeitskurve in dem entsprechenden Rohrquerschnitt aufgestellt wurde.

Im Meßbereich I konnte der Kurvenverlauf nur mutmaßlich eingetragen werden.

Die Geschwindigkeit eines Kohlenstaubkorns ist bestimmt durch die Resultierende aus Eintritts- und Rauchgasgeschwindigkeit[1]; um die Eintrittsgeschwindigkeit angenähert auszuschalten, wurde sie im Einblaserohr bis an die Grenze der Rückzündungsgeschwindigkeit, die zu 2,9 m/sek. ermittelt war, herabgesetzt, während der zum Absaugen der Rauchgase erforderliche Unterdruck so gering bemessen wurde, daß sich in der Rohrkammer gerade kein Überdruck einstellte.

Die Versuchsanordnung brachte es mit sich, daß Zündzeit und Verbrennungszeit gemessen wurde; die Zündzeit erfolgte jedoch — begünstigt durch die geringe, an der Grenze der Rückzündung liegende Einblasegeschwindigkeit — unmittelbar am Brennermund.

Die Ausgestaltung des Feuerraums als Rohrkammer war für die Untersuchung günstig, die Zusetzung der gesamten Verbrennungsluftmenge durch den Brenner dagegen ungünstig, d. h. die Verbrennungszeit verlängernd.

Trotz dieser augenscheinlichen Fehlerquellen muß betont werden, daß die Annäherung dieser durch Versuch bestimmten Werte der Verbrennungszeit als genügend genau anzusehen ist, so daß sie als Grenzwerte für die in der Praxis gebräuchlichen Mahlfeinheiten für Braunkohlenstaub Verwendung finden können. Die Festlegung eines eindeutig bestimmten Wertes für die Verbrennungszeit erscheint unmöglich, da er bei jeder Kohlenstaubfeuerung — außer den dem Kohlenstaubkorn zukommenden Eigenschaften — abhängig ist von der Formgebung des Feuerraums und der Zuführung der Verbrennungsluft.

Aus diesen Versuchen lassen sich folgende Erkenntnisse ableiten:

1. Die Verbrennungszeit wächst bei gleicher Verbrennungsluftmenge mit der Korngröße;

2. die Verbrennungszeit wird anscheinend durch einen Aschegehalt bis zu 50 vH nicht beeinflußt (nach Audibert);

3. die Verbrennungszeit ist abhängig vom Luftüberschuß; sie sinkt von einem Höchstwert bei $L = L_0$ und erreicht einen Niedrigstwert bei $L_n = 1{,}3\text{—}1{,}4\,L_0$.

Die Verbrennungstemperatur zeigt ihren Höchstwert naturgemäß bei $L = L_0$, so daß die beste Ausnutzung des Brennstoffes bei theoretischer Verbrennung liegt. Für die Untersuchung über die Zweckmäßigkeit der Kohlenstaubfeuerung für Lokomotivkessel muß diese höchste Wärmeausnutzung aber fallen, da einerseits in der Feuerbüchse solch hohe Temperaturen, durch die neben der Vergrößerung des tatsächlichen

---

[1] Vgl. S. 26.

Rauchgasvolumens[1] praktisch die Schlackenfrage zu große Bedeutung
gewinnt, nicht erwünscht sind, und da andererseits zur Erzielung hoher
Kesselleistungen der Niedrigstwert der Verbrennungszeit wesentlichere
Vorteile bietet als der Höchstwert der Verbrennungstemperatur.

Zahlenmäßige Beziehungen zwischen Verbrennungszeit und Korngröße einerseits und Verbrennungszeit und Luftüberschuß andererseits lassen sich aus den Versuchen — die eigenen Versuche konnten
in größerem Umfange nicht angestellt werden, da infolge der hohen
Temperaturen die Rohrkammer sehr bald zerstört wurde — nicht
feststellen. Wie die Versuche lehren, liegen jedoch die errechneten
Werte wesentlich unter den versuchsmäßig gefundenen; die der
Gleichung (14) beizufügende, bisher noch unbekannte Einflußfunktion
muß deshalb diesen Unterschied ausgleichen, der bedingt wird durch
die in Gleichung (14) nicht stattfindende Berücksichtigung der

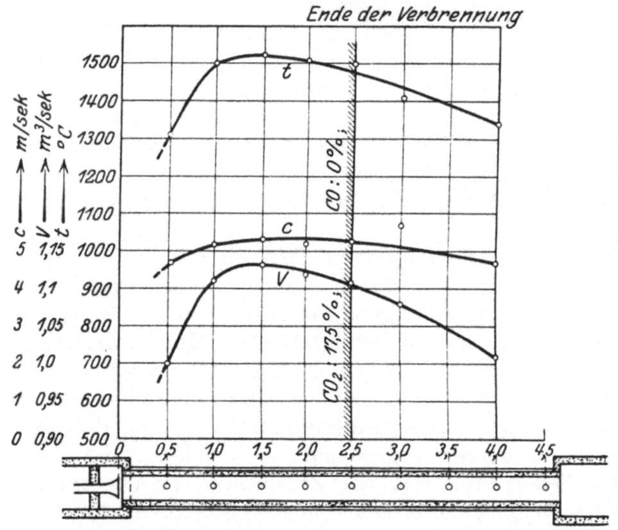

Abb. 8. Temperatur (t), Rauchgasgeschwindigkeit (c), Rauchgasvolumen (v)
und Ende der Verbrennung bei $L_n = 1,1 L_0$ für Staubkorngröße $r = 0,0335$ mm.

Temperaturerhöhung der Verbrennungsluft und der Veränderung in
der Zusammensetzung der Verbrennungsluft bei fortschreitender Verbrennung. Diese Veränderung der Verbrennungsluftzusammensetzung
wird abhängig sein von der Beschaffenheit des Brennstoffes, der
Elementarzusammensetzung und vor allem von dem Gehalt an flüchtigen Bestandteilen.

Wie beträchtlich gerade die flüchtigen Bestandteile die Verbrennungszeit beeinflussen, zeigen Untersuchungen auf den Staatl. Halsbrücker
Hüttenwerken, bei denen unter gleichen Bedingungen die Verbrennungszeiten gleicher Staubkorngrößen — jedoch von Staub verschiedener Zusammensetzung — verglichen wurden. Dabei ergab sich grundsätzlich:

---

[1] Vgl. S. 27.

Je niedriger der Gehalt eines Brennstoffes an flüchtigen, brennbaren Bestandteilen ist, um so längere Verbrennungszeiten sind erforderlich.

Erhöhte Bedeutung gewinnt diese Feststellung für die Verfeuerung von Staub aus entgasten Brennstoffen, insbesondere für Grude-, Flamm- und Halbkoks, deren Verfeuerung in Staubform oft als die ideale Bestimmung dieser Brennstoffe angesprochen wird[1]. Es muß jedoch berücksichtigt werden, daß die Verbrennungszeit dieser Brennstoffe wesentlich länger ist als die der Trockenkohle; sie beträgt für den noch verhältnismäßig gasreichen, nach Prof. Seidenschnur hergestellten

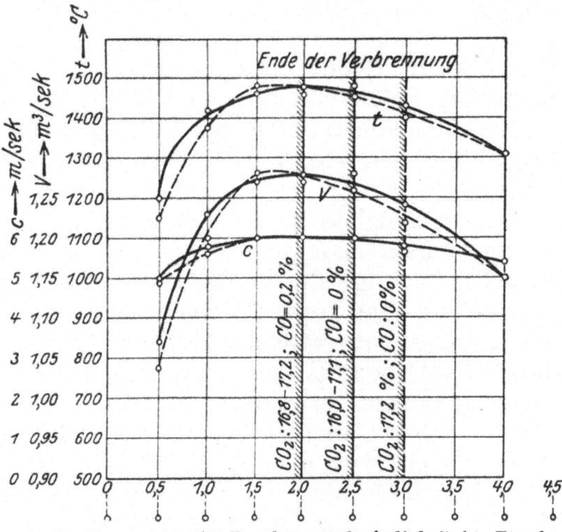

Abb. 9. Temperatur (t), Rauchgasgeschwindigkeit (c), Rauchgasvolumen (v) und Ende der Verbrennung bei $L_n = 1,3\,L_0$ für Staubkorngröße $r = 0,0335$ mm und 0,074 mm.

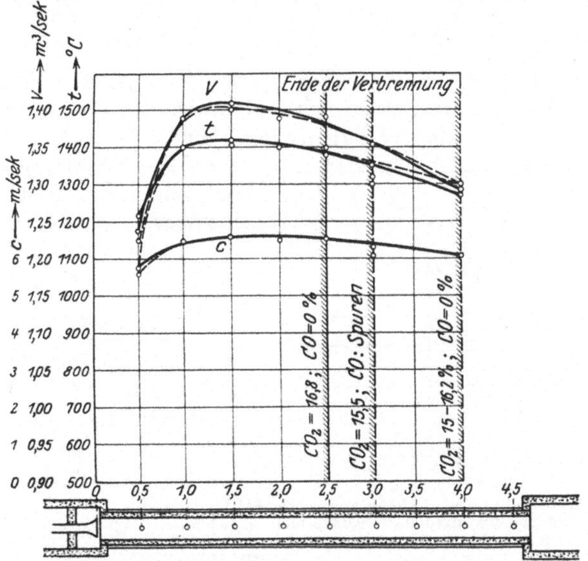

Abb. 10. Temperatur (t), Rauchgasgeschwindigkeit (c), Rauchgasvolumen (v) und Ende der Verbrennung bei $L_n = 1,5\,L_0$ für Staubkorngröße $r = 0,0335$ mm und 0,074 mm.

Flammkoks (mit etwa 25 vH Gasgehalt) etwa den 2,5fachen Wert

[1] Braunkohle, 1925, S. 252.

der Verbrennungszeit der getrockneten Bezugskohle (mit etwa 43 vH Gasgehalt). Soll deshalb Staub aus entgasten Brennstoffen in Feue·rungen, die für Staub aus Trockenkohle abgestimmt sind, verbrannt werden, so ist — um angenähert gleiche Verbrennungszeiten zu erhalten — die Grundbedingung für eine vollständige Verbrennung eine wesentlich größere Mahlfeinheit dieses Staubes.

Für Steinkohlenstaub scheint die chemische Analyse der flüchtigen Bestandteile eine Rolle zu spielen, die für Braunkohlenstaub weniger ausschlaggebend ist.

Das Schlußglied in der Kette dieser Überlegungen ergeben die geradezu charakteristischen Verhältnisse für Koksstaub. Dieser enthält zu wenig flüchtige Bestandteile — deren Zündpunkt außerdem zu hoch liegt —, um eine stetige Verbrennung aufrechtzuerhalten. Die Selbstentzündungstemperatur des Kohlenstoffs liegt bei etwa 455^0 C, während die des Kohlenoxyds, des einzigen, sich bei der Verbrennung bildenden brennbaren Gases, etwa 650^0 C ist, so daß bei Koksstaub dieser Zwischenraum von 200^0 C nicht ausgefüllt ist. Bei der Verbrennung von Kohlenstaub dagegen wird diese Lücke in sieben Stufen durch die aufeinanderfolgende Entzündung von destillierten Gasen ausgefüllt, und zwar für

Azetylen	bei	$405—435^0$ C
Propan	„	$480—560^0$ C
Äthylen	„	$535—545^0$ C
Wasserstoff	„	$580—590^0$ C
Äther	„	$592—705^0$ C
Kohlenoxyd	„	$642—660^0$ C
Methan	„	$650—750^0$ C[1].

Auf Grund dieser Erörterungen ergibt sich, daß die rechnerische Erfassung der Verbrennungszeit nach der von Rosin vorgeschlagenen Ableitung, die lediglich das Verhältnis der Oberfläche des Staubkorns: Gewicht des Staubkorns zugrunde hat, nur unter bestimmten Bedingungen zutrifft und — wie Rosin auch betont — nur versuchsmäßig gefunden werden kann.

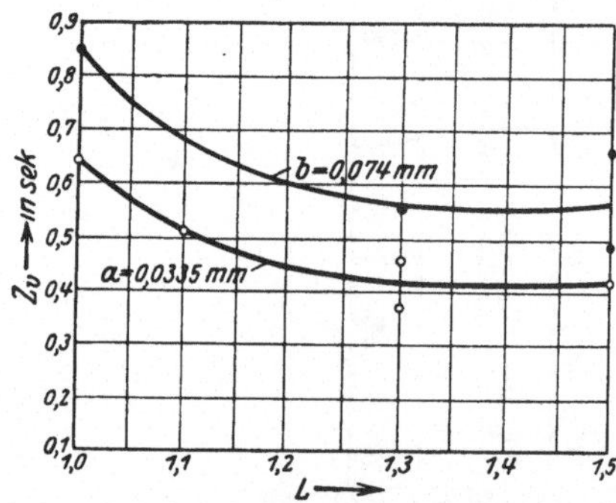

Abb. 11. Verbrennungszeit in Abhängigkeit vom Luftüberschuß bei Staubkorngröße $r = 0,0335$ mm und 0,074 mm. (Eigene Versuche.)

Meines Erachtens liegt neben der Berücksichtigung der flüchtigen Bestandteile der wesentlichste Einfluß in der Zusammensetzung der Kohle, deren Beachtung in Gleichung (14) nur durch die Einsetzung der zur Verbrennung notwendigen Luftmenge stattfindet. Es erscheint aber zweifelhaft, ob diese Berücksichtigung allein genügt; vielleicht wird die Frage jedoch gelöst durch eine Klassifizierung[2] des Kohlen-

---

[1] Iron age 1925, Nr. 3, S. 165.
[2] Die Feuerung 1925, S. 197; Feuerungstechnik 1925, S. 86.

staubs, die unter weitestgehender Berücksichtigung der Beschaffenheit des Kohlenstaubs vor der Verbrennung — neben der Elementarzusammensetzung auch der Gehalt an flüchtigen Bestandteilen — aufzubauen sein würde, womit gleichzeitig eine breite, brauchbare Basis für die Ableitung der Verbrennungszeit nach dem Rosinschen Vorschlag gegeben wäre.

Zündzeit und Verbrennungszeit stellen die Gesamtzeit des Verbrennungsvorganges dar. Wird daneben das Verhältnis Zündzeit : Verbrennungszeit untersucht, so ergibt sich (Tab. 10), daß die Zündzeit bei in der Industrie gebräuchlichen Staubkorngrößen etwa nur $^1/_7$—$^1/_{10}$ der Verbrennungszeit erfordert. Dieses Ergebnis folgt aus den rechnerischen Werten der von Nusselt aufgestellten Gleichungen unter Zugrundelegung von Steinkohlenstaub bei einer Wandtemperatur des Feuerraums von 1300° C.

Tabelle 10. Verhältnis Zündzeit : Verbrennungszeit.

Staubkornhalbmesser r mm	z_0 sek. (n. Nusselt)	zv sek. (n. Nusselt)	$\dfrac{z_0}{zv}$
0,05	0,041	0,29	$\sim 1:7$
0,074	0,079	0,7	$\sim 1:9$
0,1	0,109	1,1	$\sim 1:10$

Da einerseits nun die versuchsmäßige Messung der Verbrennungszeit gezeigt hat, daß der wirkliche Wert der Verbrennungszeit den rechnerischen — z. T. wesentlich — überschreitet, andererseits auch die versuchsmäßige Erfassung der Zündzeit infolge ihrer sehr kurzen Dauer sehr schwierig ist, so kann mit Sicherheit angenommen werden, daß die Zündzeit mindestens in dem in Tab. 10 angegebenen Verhältnis zur Verbrennungszeit steht.

II. Der Feuerraum.

1. Die Feuerraumgröße.

Aus den Erörterungen über die Zünd- und Verbrennungszeit erhellt, daß allgemein gültige, leicht zu handhabende Formeln nicht aufgestellt werden können. Um aber Werte zu finden, mit denen in der Praxis verhältnismäßig einfach zu arbeiten ist, mußte dieser Weg eines wissenschaftlichen Aufbaues von Stufe zu Stufe gegangen werden. Dadurch wurden grundlegende Werte innerhalb genügend genau bestimmter Grenzen festgestellt, die — wenn sie erst für die in der Industrie gebräuchlichen Brennstoffstaubarten bekannt sind — zur Erfassung der Größen, auf die sich die Erzielung einer geforderten Kessel- oder Ofenleistung gründet, unumgänglich sind.

Diese Größen sind:

1. die Abmessungen des Feuerraumes und — in enger Verbindung — die Länge des Flammenweges,
2. die Feuerraumbelastung.

Jedem Feuerraum fällt die Aufgabe zu, die Verbrennung des Brennstoffes — sowohl der festen als auch der flüchtigen Bestandteile — möglichst restlos zu erfüllen. Bei der Kohlenstaubfeuerung — insbesondere bei ihrer Verwendung für Lokomotivkessel — liegt aber die Gefahr nahe, daß nicht nur unverbrannte, feste Kohlenstaubkörner infolge hoher Rauchgasgeschwindigkeit aus dem Feuerraum gerissen werden, sondern auch, daß erhebliche Mengen unverbrannter Rauchgase auftreten, die infolge der Berührung mit den Heizflächen eine so starke Abkühlung erfahren können, daß sie nicht ausbrennen. Als Bezugsgröße für die Leistung — und damit für die Abmessung — der Kohlenstaubfeuerung können nun die Rechnungsgrundlagen und Berechnungsarten von Rostfeuerungen, die als Bezugsgröße die Rostfläche als die Quelle der Kraft oder das Verhältnis Rostfläche : Heizfläche zugrunde legen, nicht in Betracht kommen.

Wenn man bei Rostfeuerungen jetzt auch zur Bestimmung der Leistung die Heizfläche als Bezugsgröße, die ja erst das Bindeglied in der Energieumsetzung und somit eine erst abgeleitete Bedeutung für die Feuerung hat, verlassen hat und von der Größe der Rostfläche die Grenze der Leistung abhängig macht, so bedarf diese an sich richtige Auffassung doch auch schon für feste Brennstoffe gewisser Ergänzungen. Holz und Torf erfordern andere Rostgrößen wie gute Steinkohle oder Anthrazit; auf dem Rost verfeuerte Staubkohle verlangt andere Größe und Beschaffenheit des Rostes als grobe Stückkohle, denn ihr Gewicht nimmt mit der dritten Potenz ab, ihre Querschnittsfläche, die dem Luftstrom ausgesetzt ist, dagegen mit dem Quadrat ihrer Abmessung. Dazu ist zu berücksichtigen, daß ein Brennstoff um so mehr Oberfläche und Widerstand gegen das Durchströmen der Luft bildet, je feinkörniger er ist; staubförmige, auf dem Rost verfeuerte Brennstoffe können deshalb in niedriger Schicht verbrannt werden; sie erfordern jedoch eine große Rostfläche, damit die Luftgeschwindigkeit vermindert wird. Man kann also sagen, daß zur Erzielung einer bestimmten Leistung nicht die Rostfläche, sondern der nutzbare Inhalt der Feuerbüchse eine bestimmte Größe haben muß. Es sei hier besonders auf die Veröffentlichungen Mineckes[1] hingewiesen, der, von dem nutzbaren Feuerbuchsinhalt ausgehend, den Begriff der äquivalenten Rostfläche schuf.

Auf diesem Wege führt die Bestimmung der Bezugsgröße für die Kohlenstaubfeuerung dahin, den ganzen Feuerrauminhalt zugrunde zu legen, in den bei vollkommener Verbrennung das tatsächliche, in der Verbrennungszeit des Staubkorns erzeugte Rauchgasvolumen des Brennstoffs aufgenommen werden kann. Die einzuführende Rechnungsgröße sei mit „Wärmeleistung/m³ Feuerraum" oder mit „spez. Feuerraumbelastung", ausgedrückt in WE/m³ · Std., bezeichnet.

Für Kohlenstaubfeuerungen gilt allgemein:

Der Feuerraum zerfällt — abgesehen von Zonen toter Räume — in

1. die Zone der Wärmeaufnahme (Zündungszone),
2. die Zone der Wärmeabgabe (Verbrennungszone).

Die Grenzleistung eines Kessels ist dann bedingt durch die Raumgröße der Verbrennungszone des Feuerraumes. Sie wird bestimmt durch

---

[1] Z. 1917, S. 1169.

die Größe des tatsächlichen Volumens der Rauchgase bei vollkommener Verbrennung, das der Verbrennungszeit (z_v) proportional ist.

Wenn nun bei ortsfesten Kohlenstaubfeuerungen Feuerräume auftreten, deren Inhalt 30—60 m^3/t·Std.[1] — d. h. das Vielfache des Rauchgasvolumens — beträgt, so hat die Bemessung solcher Feuerräume, in denen eine unvollkommene Verbrennung sehr oft vorkommt, andere Gründe, die vor allem in der Schonung des Mauerwerks zu suchen sind[2]. Treten bei der Verbrennung in solch großen Feuerräumen unverbrannte Gase oder nicht ausgebrannte Kohlenstaubkörner auf, so liegt diese Erscheinung nicht daran, daß der Feuerraum nicht genügend groß ist, sondern daran, daß

1. der Feuerrauminhalt durch ungünstige Brennerkonstruktion und Brenneranordnung sowie einen mit zu großer Geschwindigkeit eintretenden Brennstoffluftstrom, der die Bildung toter Räume erhöht, sehr schlecht ausgenutzt wird;

2. die Zündung infolge schlechten Wärmeübergangs an das Kohlenstaubluftgemisch nur sehr langsam vor sich geht;

3. die Zündung infolge hoher Eintrittsgeschwindigkeit sehr weit vom Brenneraustritt erfolgt;

4. eine zu starke Abkühlung der noch nicht ausgebrannten Rauchgase durch die großen Flächen der Feuerraumwandungen erfolgt.

Bei Lokomotivkesseln ist unter Voraussetzung der Beibehaltung üblicher Kesselausführungen der Feuerraum durch die Feuerbüchse gegeben. Sie muß den allgemeinen Anforderungen gerecht werden, die an den Feuerraum bei Kohlenstaubfeuerungen gestellt werden. Diese Forderungen sind[3]:

1. Der Kohlenstaub muß im Feuerraum während seiner Zünd- und Verbrennungszeit in der Schwebe gehalten werden, um die durch eine Staubablagerung verursachte langsame bzw. unvollkommene Verbrennung des Staubkorns zu vermeiden.

2. Der Kohlenstaub muß innerhalb des Feuerraums vollständig ausbrennen, um eine vollkommene Verbrennung der festen und flüchtigen Bestandteile zu erzielen.

3. In dem Feuerraum muß ein dauernder, möglichst gleichmäßiger Unterdruck herrschen, um die die Vollkommenheit der Verbrennung beeinflussende Rauchgasgeschwindigkeit möglichst konstant zu halten.

4. Die Kohlenstaubflamme darf an keiner Stelle auf die Feuerraumwandung aufprallen, um eine direkte bzw. stichflammenartige Wirkung auf die Wandung zu vermeiden.

5. Die Temperatur der Kohlenstaubflamme muß unter der Schmelztemperatur der Ausmauerung liegen, um die Wandung beständig zu erhalten[4].

Werden die Bedingungen, die diese Einzelforderungen erfüllen, untersucht, so wird Forderung 1 geklärt durch die Zergliederung der Bewegung des Staubkorns. Diese Bewegung wird hervorgerufen durch:

---

[1] Rev. de l'Industrie Minérale 1924, 19. Febr.; Stahl u. Eisen 1925, S. 1552.
[2] Bleibtreu: Kohlenstaubfeuerungen, S. 64.
[3] Braunkohle 1925, S. 247.   [4] Vgl. S. 61.

1. die Schwerkraft des Kohlenstaubkorns,
2. den Auftrieb der Verbrennungsprodukte,
3. die Eintrittsgeschwindigkeit des Kohlenstaubkorns in den Feuerraum,
4. die Geschwindigkeit der Verbrennungsprodukte infolge des Essenzuges.

Die rechnerische Erfassung des Zusammenhanges dieser Einzelbewegungen, die wiederholt versucht worden ist, hat noch zu keinem brauchbaren Ergebnis geführt und ist sehr verwickelt, so daß die bereits bekannten Arbeiten mit Vorsicht aufzunehmen sind[1].

Die durch die Schwerkraft des Kohlenstaubkorns bedingte Fallgeschwindigkeit ist nach den Untersuchungen des Bureau of Mines in freier Luft direkt proportional dem Durchmesser des Kohlenstaubkorns[2]. Die Wirkung des freien Falls im Rauchgasstrom ändert sich jedoch infolge der Veränderung der Dichte des Staubkorns und der Dichte der Rauchgase, die — hervorgerufen durch die Wärmeentwicklung bei der Verbrennung — nicht nur einen Auftrieb der Gase, sondern auch einen zahlenmäßig noch nicht festgestellten Auftrieb der Staubkörner mit sich bringt. Der Zusammenhang der durch die Schwerkraft des Kohlenstaubkorns und den Auftrieb der Rauchgase bedingten Bewegung ist bisher nicht geklärt; erfahrungsgemäß zeigt sich aber, daß bei in der Industrie üblichen Staubkorngrößen die Bewegung infolge der Schwerkraft durch die entgegengesetzt gerichtete Bewegung des Auftriebes ungefähr aufgehoben wird. Deshalb gilt angenähert:

Die Geschwindigkeit des Staubkorns im Feuerraum ist durch die Resultierende aus Eintritts- und Rauchgasgeschwindigkeit nach Richtung und Größe genügend bestimmt.

Da das Produkt aus Geschwindigkeit und Zeit einen Weg darstellt, wird die Länge des Flammenweges eindeutig bestimmt durch die resultierende Geschwindigkeit und die Verbrennungszeit, so daß ist

$$L_F = c_m \cdot (z_0 + z_v). \tag{15}$$

Da jedoch z_0 gegen z_v vernachlässigt werden kann[3], ist die Länge des Flammenweges genügend genau bestimmt durch

$$L_F = c_m \cdot z_v. \tag{15a}$$

Ist nun die Länge des Feuerraumes $L_R > L_F$, so kann — vorausgesetzt, daß der Inhalt des Feuerraumes $\geq$ Rauchgasvolumen bei vollkommener Verbrennung in der Verbrennungszeit ist — das Staubkorn vollständig ausbrennen. Wird aber die Eintrittsgeschwindigkeit sehr groß, so wird die Zündungszone sehr groß, d. h. ein beträchtlicher Teil des Feuerraumes dient zur Zündung und geht für die eigentliche Verbrennung verloren, oder anders ausgedrückt: der Beginn der Verbrennung liegt soweit innerhalb des Feuerraumes, daß der Weg zwischen Zündpunkt und Austritt des Staubkorns aus dem Feuerraum kleiner ist als der Flammen-

---

[1] Vgl. Anm. S. 17.
[2] Glückauf 1924, S. 976.
[3] Vgl. S. 23.

weg. Aus diesen Betrachtungen ergibt sich die allgemeine Grundbedingung für die Größe des Feuerraumes:

Die Größe des Feuerraumes einer Kohlenstaubfeuerung setzt sich zusammen aus der Größe des Verbrennungsraumes und der Größe des Zündraumes; jene ist bestimmt durch das tatsächliche Rauchgasvolumen und die Verbrennungszeit, diese — neben ihrer Formgebung — durch die aus Eintrittsgeschwindigkeit und Zündzeit resultierende Länge.

Unter Berücksichtigung der Forderungen für den Feuerraum einer Kohlenstaubfeuerung[1] ergeben sich Feuerraumgröße und Feuerraumbelastung nach folgenden Ableitungen:

Sollen B kg/Std. Kohlenstaub verbrannt werden, so ist das tatsächliche, d. h. auf die wirkliche Feuerraumtemperatur bezogene, sekundliche Rauchgasvolumen bei vollkommener Verbrennung

$$V = \frac{(1 + L) \cdot v \cdot B}{3600} \cdot \frac{T_v}{273} \tag{16}$$

und das in der Verbrennungszeit (z_v) erzeugte Rauchgasvolumen:

$$V_z = \frac{(1 + L) \cdot v \cdot B}{3600} \cdot \frac{T_v}{273} \cdot z_v \tag{17}$$

oder

$$V_z = V \cdot z_v. \tag{17a}$$

Es ist: L — kg/kg   — das Gewicht der zur Verbrennung von 1 kg Brennstoff notwendigen Luftmenge,

v — m³/kg   — das spez. Volumen der Rauchgase bei 0^0 C und 760 mm Q. S.,

B — kg/Std. — die Brennstoffmenge,

T_v — ^{0}C   — die tatsächliche Feuerraumtemperatur abs.

Damit Forderung 2 erfüllt wird, muß sein:

$$V_z < J_R \tag{18}$$

oder für die Feuerraumgrenzbelastung

$$V_z = J_R, \tag{18a}$$

wobei J_R der Inhalt des Feuerraumes ist.

Damit Forderung 3 erfüllt wird, muß das Rauchgasvolumen V in der Zeiteinheit oder das in der Verbrennungszeit entwickelte Rauchgasvolumen V_z in z_v sek. durch den Querschnitt des Feuerraumes (F_R) gehen. Es ist also $\frac{V}{F_R} = c_R$ und da nach Gleichung (17a) $V = \frac{V_z}{z_v}$ ist, wird

$$\frac{V_z}{F_R} = c_R \cdot z_v. \tag{19}$$

Damit ist für den einfachsten Fall eines Feuerraumes, in dem bei gegebenem Feuerraumquerschnitt Brenneranordnung und Brennerausbildung der Vermeidung toter Zonen anzupassen ist, die sich in Richtung

---

[1] Vgl. S. 25.

des Rauchgasabzuges erstreckende Flammenlänge bestimmt; da nach Gleichung (18a) im Grenzfalle $V_z = J_R$ ist, stellt sie die Länge des Feuerraumes dar, d. h. den verfügbaren Weg, auf dem das Kohlenstaubkorn in der Verbrennungszeit ausbrennen muß. Ist der Wert der Feuerraumgeschwindigkeit $(c_R) \geqq$ dem Wert der aus Eintritts- und Rauchgasgeschwindigkeit resultierenden Geschwindigkeit (c_m), also $c_R \geqq c_m$, so ist

$$c_R \cdot z_v \geqq c_m \cdot z_v$$

oder $L_R \geqq L_F$, d. h. die Feuerraumlänge genügt der Flammenlänge. Ist im Grenzfalle

$$L_R = L_F = c_R \cdot z_v$$

und

$$L_F = \frac{J_R}{F_R},$$

so ergibt sich die Feuerraumgröße zu

$$J_R = F_R \cdot c_R \cdot z_v \tag{20}$$

oder

$$J_R = V \cdot z_v. \tag{20a}$$

Damit ist die Forderung 2 erfüllt.

2. Die spezifische Belastung des Feuerraums.

Die stündlich theoretisch erzeugte Wärmemenge ist

$$Q_{\text{ges.}} = B \cdot h_u \ \text{WE/Std.}$$

Das stündlich erzeugte Rauchgasvolumen ist

$$V_R = B \cdot V \ \text{m}^3\text{/Std.},$$

wobei V m³/kg das aus 1 kg Brennstoff erzeugte Rauchgasvolumen ist, und das in der Verbrennungszeit erzeugte Rauchgasvolumen in sek. ist

$$V_z = \frac{B \cdot V \cdot z_v}{3600}. \tag{21}$$

Da im Grenzfalle — nach Gleichung (20a) $J_R = V \cdot z_v$ — das in der Verbrennungszeit erzeugte Rauchgasvolumen von dem Feuerrauminhalt aufgenommen werden muß, so ist die Feuerraumbelastung in WE/m³ Std.

$$Q = \frac{B \cdot h_u}{\dfrac{B \cdot V \cdot z_v}{3600}}$$

oder

$$= \frac{B \cdot h_u \cdot 3600}{B \cdot V \cdot z_v}$$

oder

$$Q = \frac{h_u \cdot 3600}{V \cdot z_v} \ \text{WE/m}^3 \text{ Std.} \tag{22}$$

Unter Beachtung der Gleichung (16) ergibt sich schließlich die spez. Belastung eines Feuerraumes zu

$$Q = \frac{h_u \cdot 3600 \cdot 273}{(1 + L) \cdot v \cdot T \cdot z_v}, \qquad (23)$$

d. h. unter Berücksichtigung der Anforderungen, die an eine neuzeitliche Kohlenstaubfeuerung gestellt werden, ist die Belastung des Feuerraumes, ausgedrückt in WE/m³ Std., umgekehrt proportional dem in der Verbrennungszeit des Kohlenstaubkorns entwickelten, tatsächlichen Rauchgasvolumen.

Es ist ein Verdienst Rosins, erkannt zu haben, daß bei theoretischer Verbrennung die Höchstbelastung übergeht in die Grenzbelastung mit dem Wert

$$Q = \frac{338\,000}{z_v}, \qquad (24)$$

da für alle für die Kohlenstaubfeuerung in Betracht kommenden Brennstoffe $\dfrac{h_u \cdot 3600}{V_g} \sim 338\,000$ ist, wobei V_g das tatsächliche Volumen bei vollkommener Verbrennung und Grenztemperatur ist[1].

Selbstverständlich ergibt die Fassung

$$Q = \frac{h_u \cdot 3600 \cdot 273}{(1 + L) \cdot v \cdot T \cdot z_v}$$

unter Berücksichtigung vollkommener Verbrennung bei der Grenztemperatur ebenfalls

$$\frac{338\,000}{z_v}.$$

Wird zum Vergleich für einen festen Brennstoff die stündliche Wärmeleistung in Abhängigkeit vom Gehalt an flüchtigen Bestandteilen betrachtet[2], so ergeben sich für die Feuerraumbelastung durch Verbrennung der flüchtigen Bestandteile die in Abb. 12 angeführten Werte. Diesen verhältnismäßig niedrigen Belastungen sei der Wert neuzeitlicher Koksgasfeuerungen mit 3—4 Millionen WE/m³ Std. gegenübergestellt. Die sich bei letzteren zeigenden, hohen Leistungen liegen in den hohen

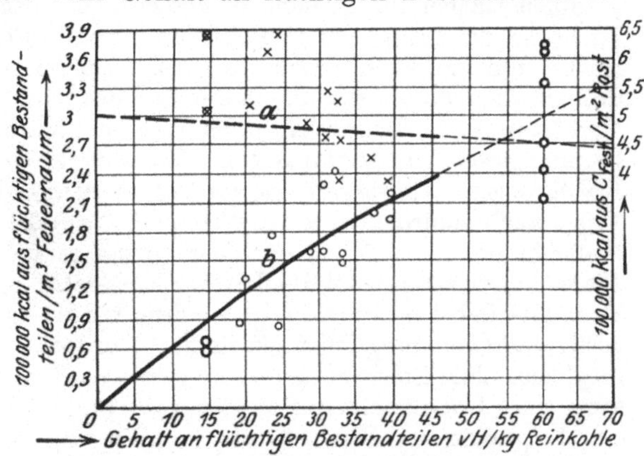

Abb. 12. Feuerraum und Rostbelastung[3].
a) Rostbelastung durch Verbrennung von festem C. b) Feuerraumbelastung durch Verbrennung von flüchtigen Bestandteilen. O × Genaue Versuchspunkte. O ⊗ Durch Brennstoffanalyse ergänzt.

---

[1] Braunkohle 1925. S. 249. [2] Z. 1925, S. 945. [3] Schulte: Neue Erkenntnisse und Richtlinien der Feuerungstechnik. Z. 1925. S. 945.

Brenngeschwindigkeiten, die vor allem durch die innige Mischung des Gases mit der Luft bedingt sind, begründet, wenn auch nicht verkannt werden soll, daß bei der reinen Gasfeuerung die Verhältnisse sehr viel günstiger sind als bei der Kohlenstaubfeuerung: das Gas ist bereits entwickelt und wird unter innigster Vermischung mit der Luft aus dem Brenner geblasen.

In diesen Bedingungen liegen aber die Erkenntnisse, die auch für die Kohlenstaubfeuerung den Weg zeigten, die spez. Feuerraumbelastung zu erhöhen, denn auch die Gasfeuerung erreichte erst nach langen Versuchen durch feuerungstechnische Verbesserungen diese hohen Leistungen. Der Schwerpunkt der Erhöhung der spez. Feuerraumbelastung bei der Kohlenstaubfeuerung liegt nach Gleichung (22) bzw. (23) in der Verkürzung der Verbrennungszeit, deren Bedeutung nicht genügend gewürdigt wird. Die von Rosin angegebene „Kammergrenzbelastung[1]" für Kohlenstaubfeuerungen von $338\,000$ WE/m³ Std. wurde in einer seiner späteren Abhandlungen[2] auf $338\,000/z$ WE/m³ Std. richtiggestellt. Versuche Helbigs, die allerdings unter Bedingungen, die einen Überdruck in dem Feuerraum zuließen, erreicht wurden, zeigten Werte bis zu $700\,000$ WE/m³ Std.[3]; die Versuchsergebnisse der eigenen Untersuchungen in einem Lokomotivkessel ergaben eine spez. Belastung von etwa 2 Mill. WE/m³ Std.[4]. Diese Ergebnisse wurden nach langen Versuchen erzielt durch Steigerung der Mahlfeinheit, planmäßige Verbesserung in der Zuführung der z. T. vorgewärmten Luft an verschiedenen Stellen des Feuerraumes und durch innigste Mischung des Staubes mit der Luft und sind in letzter Zeit noch überschritten worden.

Bei der Kohlenstaubfeuerung im Lokomotivkessel entsteht die Schwierigkeit, daß bei der hohen Geschwindigkeit des Staubkorns in der Feuerbüchse, die in den allgemeinen an einen Feuerraum für Kohlenstaubfeuerungen zu stellenden Forderungen begründet liegt[5], der in Richtung der Länge der Feuerbüchse liegende Flammenweg nicht ausreicht, um ein Ausbrennen des Staubkorns zu gewährleisten. Es muß deshalb dem durch die Beschaffenheit des Kohlenstaubkorns und die Verhältnisse des Feuerraumes festliegenden, bestimmten Wert der Verbrennungszeit ein verlängerter Flammenweg oder eine verminderte Rauchgasgeschwindigkeit zugeordnet werden. Diesseits wurde diese Frage nach zahlreichen Versuchen gelöst durch besondere konstruktive Maßnahmen, durch die bei einer erzwungenen Flammenumkehr der Flammenweg etwa das 2,5 fache der Feuerbuchslänge erreichte (Abb. 15a). Es mußte dabei berücksichtigt werden, daß die resultierende Rauchgasgeschwindigkeit möglichst gleich blieb, um den Feuerbuchsunterdruck möglichst ohne Schwankungen zu erhalten, damit die zerstörende Wirkung eines Überdrucks auf die Ausmauerung und an den Umkehrstellen ein Aufprallen der Flamme auf die Wandung vermieden wurde.

Die Einwirkung des Luftüberschusses auf die Belastung des Feuerraumes wird durch Gleichung (23) geklärt. Die Erhöhung des Luftüberschusses bedingt allgemein — nach Gleichung (16) — eine Vergrößerung

---

[1] Metall u. Erz 1924, Heft 12.   [2] Braunkohle 1925, Heft 11.
[3] Nach privaten Mitteilungen.   [4] Vgl. S. 31.   [5] Vgl. S. 25.

des Rauchgasvolumens; da die Belastung des Feuerraumes jedoch nicht von dem tatsächlichen Rauchgasvolumen allein, sondern von dem Produkt aus Rauchgasvolumen und Verbrennungszeit abhängig ist, und da die Verbrennungszeit bis zu einem Luftüberschuß von $L_n \sim 1,3\, L_0$ sinkt, so ergibt sich augenscheinlich, daß die Erhöhung des Luftüberschusses innerhalb der Grenzen des bei Kohlenstaubfeuerungen üblichen Überschusses eine — wenn auch geringe — Steigerung der Feuerraumbelastung zur Folge hat.

Es möge an dieser Stelle auf die verdienstvollen Arbeiten Hermann Frankes, Hannover, und Rosins, Dresden, hingewiesen sein, deren allgemeine Ergebnisse — wenn auch die Erkenntnis auf anderem Wege erreicht wurde — in vielen Punkten mit den meinigen übereinstimmen.

Es mag dazu folgendes erwähnt sein:

Gelegentlich eines Besuches der Kohlenstaubversuchsanlage der Staatl. Halsbrücker Hüttenwerke machte mich Herr Dr.-Ing. Rosin auf den Einfluß des Zusammenhanges von Gewicht und Oberfläche des Staubkorns für die Größe der Verbrennungszeit aufmerksam. Daß die später von Rosin durchgeführte rechnerische Auswertung dieses Zusammenhanges nur beschränkte Gültigkeit hat, dürfte sich aus den vorliegenden Erörterungen[1] ergeben; immerhin kann die Rosinsche Formel infolge ihrer Einfachheit für eine Überschlagrechnung vollauf Verwendung finden; es muß aber betont werden, daß sie eine allgemeine Gültigkeit nicht beanspruchen kann, weil sie nur für bestimmte — bei der versuchsmäßigen Erfassung zugrunde liegenden — Verhältnisse richtig ist. Ferner erschien auf Grund der Rosinschen Untersuchungen der Ausbau einer mit Kohlenstaubfeuerung ausgerüsteten Lokomotive aussichtslos, ,,da die Kammergrenzbelastung für alle für die Kohlenstaubfeuerung in Frage kommenden Brennstoffe konstant ist und theoretisch etwa 338000 WE/m³ Std. und praktisch 280000 WE/m³ Std. beträgt[2]''.

Die Ergebnisse der eigenen Versuche jedoch und spätere Ausführungen Rosins[3], in denen er Teile seiner früheren Abhandlung richtigstellte, zeigen, daß diese Werte erheblich überschritten werden können, so daß heute Feuerraumbelastungen erzielt werden, die 2000000 WE/m³ Std. überschreiten.

Diese über Erwarten hohen Werte, die bis vor kurzem auch von sachverständiger Seite für unmöglich erachtet wurden, sind in zahlreichen Versuchen[4] erreicht und bestätigen die umfassende Brauchbarkeit der Formel für die spez. Feuerraumbelastung; sie gründen sich auf folgende Überlegungen, die für die Erzielung hoher Feuerraumbelastungen überragende Bedeutung haben.

Aus Gleichung (22)

$$Q = \frac{h_u \cdot 3600}{V \cdot z_v} \ \mathrm{WE/m^3\,Std.}\ [5]$$

ergibt sich unmittelbar, daß eine Verringerung des Produktes $V \cdot z_v$

---

[1] Vgl. S. 22. [2] Metall u. Erz 1924, Heft 12.
[3] Braunkohle 1925, Heft 11. [4] Abb. 17, Tab. 16/17.
[5] Rosinsche Form der Gleichung für die Feuerraumbelastung.

eine Erhöhung der spez. Feuerraumbelastung bedeutet. Wenn nun die Verbrennungszeit des Staubkorns nicht mehr wesentlich herabgesetzt werden kann, steht noch die Verminderung des tatsächlichen Rauchgasvolumens als Mittel zur Erhöhung der spez. Feuerraumbelastung zur Verfügung.

Die Herabsetzung des tatsächlichen Rauchgasvolumens liegt — wie aus Gleichung (23) hervorgeht — lediglich in der Senkung der mittleren Feuerraumtemperatur begründet; diese Senkung muß jedoch stattfinden, ohne daß ein Hauptvorteil der Kohlenstaubfeuerung, d. h. die Ausnutzung der erzielbaren, hohen Temperatur bei der Kohlenstaubfeuerung und eine allgemeine Forderung der Feuerungstechnik, d. h. die Punkte des größten Wärmebedarfs und der größten Wärmeentwicklung zusammenfallen zu lassen, aufgegeben wird. Sie wird dadurch erreicht, daß die hohen Verbrennungstemperaturen im Augenblick der Verbrennung — gleichsam im status nascendi — durch sofortige Abstrahlung an wassergekühlte Wandungen so stark herabgekühlt werden, daß das tatsächliche Rauchgasvolumen entsprechend der wesentlich herabgesetzten, mittleren Feuerraumtemperatur verkleinert wird.

Praktisch erreicht wird diese Temperatursenkung durch Verringerung der strahlenden Flächen des Feuerraums, d. h. durch eine bis auf ein Minimum durchgeführte Verminderung der Ausmauerung. Selbstverständlich müssen auf gute Zündung und möglichst verlustlose Entbindung der großen Wärmemengen bei Bemessung und Formgebung der verbleibenden Ausmauerung Rücksicht genommen werden.

Wenn man sich vergegenwärtigt, daß die Aufgabe eines Feuerraums darin besteht, sowohl die Verbrennung der festen als auch der flüchtigen Bestandteile restlos zu gewährleisten, so mag einerseits ausgeführt sein, daß durch die Verringerung des Rauchgasvolumens die Gefahr, daß unverbrannte Staubkörner infolge hoher Rauchgasgeschwindigkeit aus dem Feuerraum herausgerissen werden, jetzt vermindert wird, da die Zeit, die das Staubkorn im Feuerraum bleibt, jetzt länger wird als bei Vorhandensein größerer Rauchgasvolumina, die durch höhere, mittlere Feuerraumtemperaturen bedingt sind. Was andererseits die oft ausgesprochene Befürchtung betrifft, daß unverbrannte Gase auftreten, die infolge vorzeitiger Berührung mit den Heizflächen eine so starke Abkühlung erfahren, daß sie nicht ausbrennen können, so haben Messungen in einer Lokomotivfeuerbüchse, die nur in Rücksicht auf gute Zündung mit einer geringen Ausmauerung versehen war, ergeben, daß mit einem Gehalt von 15,0—17,0 vH CO_2 und 2,0—3,0 vH O_2 in der Rauchkammer eine vollkommene Verbrennung der Rauchgase stattfindet. Zusammenhängen dürfte das Auftreten dieser hohen CO_2-Werte bei einer verhältnismäßig niedrigen, mittleren Feuerbuchstemperatur damit, daß die den Rauchgaswerten zugeordnete Temperatur im Augenblick der Verbrennung wirklich vorhanden ist und die Strahlung entscheidenden Einfluß hat.

Deshalb mag an dieser Stelle auf die Strahlung der Kohlenstaubflamme eingegangen werden, deren Bedeutung lange verkannt war, und die erst in letzter Zeit die ihr zukommende Würdigung erfuhr, nachdem die Arbeiten von Callendar, Schack[1], Wohlenberg und Morrow[2] eine genauere Erforschung der Gasstrahlung gebracht hatten. Diese Arbeiten legten dar, daß die Stärke der Strahlung sich grundsätzlich richtet nach dem Gehalt der Feuergase an strahlenden Gasen, d. i. H_2O und CO_2, deren Temperatur und Strahlungsdauer. Bei der Kohlenstaubfeuerung wird nun die Gasstrahlung, die unter Voraussetzung derselben Bedingungen für die nicht leuchtende Flamme etwa 7,3 vH, für die leuchtende Flamme dagegen bereits 12,0—13,0 vH der Strahlung des schwarzen Körpers beträgt, durch die Strahlung der feinen, in der Flamme schwebenden, glühenden Staub- und Aschekörner erheblich verstärkt.

Verglichen mit einer Rostfeuerung derselben Abmessung und Belastung wird folglich die mittlere Feuerraumtemperatur in der Kohlenstaubfeuerung mit gleichem CO_2-Gehalt tiefer liegen; sofern genügende Abstrahlflächen vorhanden sind, wird also die Temperatur in dem Feuerraum durch die in der Flamme schwebenden Staub- und Aschekörner herabgesetzt, während die Wärmeaufnahme der bestrahlten Flächen erhöht wird. So wird die Erfahrung nutzbar gemacht, daß einerseits der Wärmeübergang im Augenblick der Flammenbildung am größten ist, und daß andererseits gekühlte Wandungen eines Feuerraums weit mehr Wärme aufnehmen als ungekühlte. Darüber hinaus werden aber die erst jetzt erkannten und für die Kohlenstaubfeuerung äußerst wichtigen Leitsätze bestätigt, die besagen:

1. Bei nicht gekühlten Feuerräumen ist die spez. Feuerraumbelastung durch die Ausmauerung beschränkt.

2. Bei gekühlten Feuerräumen ist die spez. Feuerraumbelastung nahezu unbeschränkt, solange die verlustlose Entbindung der erforderlichen großen Brennstoffmengen möglich ist.

III. Die Verbrennungsbedingungen.

1. Die Kohlenstaubkonzentration in dem Kohlenstaubluftgemisch.

Behandelten die vorhergehenden Abschnitte die Zündung und Verbrennung auf Grund der Bedingungen für das Einzelkorn, so soll jetzt die Möglichkeit der Zündung und die Stetigkeit der Verbrennung auf Grund der Staubkonzentration in einer Verbrennungsluftmenge untersucht werden, um gleichzeitig damit theoretisch Grenzen für den Regelbarkeitsbereich einer Kohlenstaubfeuerung festzustellen. Denn für die Erfassung des gesamten Umsetzungsvorganges bei der Kohlenstaubfeuerung genügt die Kenntnis der Zünd- und Verbrennungszeit sowie die Erkenntnisse des Wesens der Zündung und Verbrennung des Einzelkorns nicht, da die Bedingungen für den stetigen Verlauf der Verbrennung nicht nur in denen für das Einzelkorn, sondern auch in denen für die Staubkornkonzentration in einer Verbrennungsluftmenge gegeben sind.

---

[1] Z. 1924, S. 1017; Z. 1925, S. 946; Mitt. d. Vereins deutscher Eisenhüttenleute Jg. 1924, 1925.   [2] Mech. Eng. 1925; Wärme 1926 (Oktober).

Bietet eine glühende Oberflächenschicht die Zündquelle für die Zündung eines Kohlenstaubluftgemisches, so besteht nach dem Vorhergegangenen, wenn die dem Einzelkorn zukommenden Bedingungen erfüllt sind, die Möglichkeit der Zündung des über diese Zündquelle geblasenen Kohlenstaubluftgemisches immer dann, wenn das der Zündquelle am nächsten liegende Staubkorn entflammt wird und dabei gleichzeitig Wärmequelle für das Nachbarkorn wird, das von dem zuerst entflammten Staubkorn die Wärmemenge zur Entzündung aufnimmt; d. h. also:

Die Zündungsbedingung eines Kohlenstaubluftgemisches ist gegeben, wenn die in einem Raumelement dieses Gemisches durch Verbrennung des Staubes entwickelte Wärmemenge so groß ist, daß das Nachbarelement auf die Entzündungstemperatur des Staubes gebracht wird.

Im Laufe der Untersuchungen wurden in der Brennkammer (Abb. 2) Versuche durchgeführt, bei denen die Zündquelle darstellte:

1. ein flammendes Kohle-Holz-Feuer,
2. die glühende Oberflächenschicht eines abgebrannten Koksfeuers,
3. die glühende Oberflächenschicht eines Eisenbarrens.

Die Mittelwerte der Ergebnisse sind in Tab. 11 niedergelegt.

Tabelle 11. Zündung bei verschiedener Staubkonzentration.

Kohlenstaubmenge	Luftmenge[2]	Staubkonzentration	Flammendes Holzfeuer[1]		Koksfeuer[1] $t \sim 900°$ C		Glühende Eisenbarren[1] $t = 700—900°$ C	
kg/Min.	m³/Min.	kg/m³	Zündung nach sec.	Verbrennung	Zündung nach sec.	Verbrennung	Zündung nach sec.	Verbrennung
0,97	8,67	0,11	—	Funkenbildung	—	Funkenbildung	—	schwache Funkenbildung
1,45	8,67	0,167	4—8	stetig	8	stetig	—	stetig (teilw. Abreißen d. Flam.)
1,45	12,35	0,118	8	stetig (Abreißen d. Flammen)	4—12	unstetig (Verpuffg.)	—	unstetig (Verpuffg.)
2,9	18,0	0,161	2	stetig	2	stetig	3	stetig
4,84	28,6	0,169	0,5—2	stetig	0,5—1	stetig	1	stetig
4,84	33,3	0,145	2—3	stetig	—	—	—	—
5,6	33,3	0,168	2—3	stetig	—	—	8	stetig

Bedeutet:

c_l — WE/kg° C — die spez. Wärme der Luft bei konstantem Volumen,

v_l — kg/m³ — die in dem eingeblasenen Kohlenstaubluftgemisch vorhandene Luftmenge bei 0° C,

h — WE/kg — Heizwert des Kohlenstaubs,

c_h — WE/kg° C — spez. Wärme des Kohlenstaubs,

t_a — ° C — Anfangstemperatur,

t — ° C — Entzündungstemperatur,

[1] Wandtemperatur der Brennkammer: $\sim$600—700° C.
[2] Theoretischer Luftbedarf: 5,05 m³/kg bei 15° C und 760 mm Q.-S.

k — kg/m³   — die in dem Kohlenstaubluftgemisch vorhandene Kohlenstaubmenge — spez. Staubkonzentration bei unterem Grenzwert,

k' — kg/m³   — spez. Staubkonzentration bei oberem Grenzwert,

V — WE/m³   — Wärmeverlust,

μ — kg   — Kohlenstaubmenge, bei der noch eine vollkommene Verbrennung mit der vorhandenen Luft möglich ist,

so ergibt sich die Bedingung für die Ausbreitung der Entzündung zu:

$$k \cdot h \geqq V + (t - t_a) \cdot (k \cdot c_h + v_l \cdot c_l) \qquad (25)$$

und durch Umformung

$$k \left[h - (t - t_a) \cdot c_h \right] \geqq V + (t - t_a) \cdot v_l \cdot c_l$$

$$k \geqq \frac{V}{h - (t - t_a) \cdot c_h} + \frac{(t - t_a) \cdot v_l \cdot c_l}{h - (t - t_a) \cdot c_h} \qquad (26)$$

Gleichung (26) gibt somit den unteren Grenzwert der Staubkonzentration an, bei dem die Möglichkeit der Zündung und die Stetigkeit der Verbrennung noch besteht. Bei einer Untersuchung des rechnerischen Wertes mit den Ergebnissen der praktischen Versuche zeigten sich erhebliche Abweichungen; sie dürften darin begründet liegen, daß einerseits $V = 0$ gesetzt wurde und andererseits für die spez. Wärme der Luft die Annahme gemacht wurde, daß die Vorgänge bei konstantem Volumen erfolgen. Wärmeverluste sind immer vorhanden; sie entstehen dadurch, daß durch Strahlung, Leitung, Berührung der zuerst entzündeten und verbrennenden Staubkörner Wärme an die Wandungen des Feuerraumes und die nicht unmittelbar benachbarten Raumelemente abgegeben wird. Diese Vorwärmung der nicht unmittelbar benachbarten Raumelemente durch Strahlung und Leitung ist allerdings kein absoluter Verlust, denn er kommt der Entzündung dieser Raumelemente zugut; diese Überlegung erfordert jedoch den Schluß, daß das erste Raumelement einen größeren Wärmevorrat nötig hat als zur Entzündung des zweiten Raumelements gebraucht wird.

Der Wärmeverlust, der an die Wandung abgeht, hängt wesentlich von der Beschaffenheit und der Form des Feuerraumes ab, eine Erkenntnis, die zur parabolischen und elliptischen Form der Brennkammer ortsfester Anlagen, in deren Brennpunkt die Entzündungszone liegt, führte.

Entsprechend dem unteren Grenzwert für die Zündung und stetige Ausbreitung der Verbrennung läßt sich auch ein oberer Grenzwert finden, den man aus folgender Überlegung ableitet:

In 1 m³ Verbrennungsluft kann nur eine ganz bestimmte Menge, z. B. a kg Kohlenstaub vollkommen verbrennen; ist die Konzentration größer, d. h. beträgt die Menge $(a + b)$ kg/m³, so werden die entstehenden Verbrennungsprodukte von a kg Kohlenstaub die Endprodukte der vollkommenen Verbrennung sein, während b kg unverbrannt bleiben bzw. zu Produkten unvollständiger Verbrennung umgesetzt werden. Wird die Konzentration des Kohlenstaubs nun immer stärker, etwa $(a + z \cdot b)$ kg/m³, so können theoretisch im Höchstfall immer nur a kg vollständig verbrannt werden, während in der Menge $z \cdot b$ kg nur eine Veränderung der Staubkörner ohne Einwirkung des Sauerstoffs eintreten kann, was bei steigender Konzentration eine immer größere Wärmezufuhr erfordert, ohne daß Oxydationswärme frei wird. Bis zu einer gewissen Grenze wird deshalb eine Entzündung und stetige Verbrennung stattfinden; die erreichte Leistung wird aber bei einer großen Kohlenstaubmenge $(a + z \cdot b)$ kg/m³ nicht die mit a kg/m³ zu erzielende Leistung überschreiten.

Tritt nun bei starker Staubkonzentration wohl noch eine Zündung mit nachfolgender unvollständiger Verbrennung ein, so kann endlich die Kohlenstaubanreicherung soweit gesteigert werden, daß eine Zündung nicht mehr stattfindet. Wird die spez. Staubkonzentration mit k' bezeichnet, so erreicht sie ihren oberen Grenzwert, wenn besteht

$$\mu \cdot h = V + (t - t_a) \cdot (c_h \cdot k' + v_l \cdot c_l) \tag{27}$$

oder

$$c_h \cdot k' = \frac{\mu \cdot h - V}{t - t_a} - v_l \cdot c_l$$

oder

$$k' = \frac{\mu \cdot h - V}{(t - t_a) \cdot c_h} - \frac{v_l \cdot c_l}{c_h} . \tag{28}$$

Die obere und untere Grenze stellen theoretisch den Regelbarkeitsbereich der Feuerung dar; praktische Bedeutung für den Verbrennungsvorgang haben diese Grenzen jedoch nicht, da für die Bestimmung des Regelbarkeitsbereiches einer Kohlenstaubfeuerung von anderen Gesichtspunkten (Rückzündungsgeschwindigkeit und spez. Höchstbelastung des Feuerraumes) ausgegangen werden muß.

2. Die Wärmekapazität des Kohlenstaubluftgemisches.

Wenn man — wiederum abgesehen von den Bedingungen für das Einzelkorn — die spez. Staubkonzentration als die äußere Ursache für Zündung und Verbrennung ansieht, so kommt der Wärmekapazität des Kohlenstaubluftgemisches die Bedeutung des inneren Grundes in bezug auf die Stetigkeit der Verbrennung zu.

Das in den Feuerraum eintretende Kohlenstaubluftgemisch erreicht eine Zone x, in der die Temperatur der Kohlenstaubluftwolke die der Ausmauerung annimmt; bis zu dieser Zone entwickelt die Oxydation der brennbaren Bestandteile in der Zeiteinheit die Wärmemenge Q. Unter diese Zone entweicht von Q der Teil q, von dem seinerseits die Wärmemenge q_1 durch Ausstrahlung verlorengeht, während die restliche Wärmemenge q' von der Kohlenstaubluftwolke, die die Zone x noch nicht erreicht hat, in der Zeiteinheit aufgenommen wird. Gleichzeitig treten in dieser eintretenden Kohlenstaubluftwolke auf dem Wege bis zur Zone x bei niedriger Temperatur exothermische Reaktionen auf, durch die in der Zeiteinheit die Wärmemenge q'' entwickelt wird. Im Beharrungszustand wird die Temperatur des Kohlenstaubluftgemisches durch die Aufnahme der Wärmemenge $(q' + q'')$ so erhöht, daß die Reaktionen, die die Wärmeaufnahme durch Strahlung und Leitung der

Menge q' und die Wärmeentwicklung durch exothermische Vorgänge der Menge q'' bedingen, in genügend kurzer Zeit stattfinden.

Die Möglichkeit der Zündung ist also bedingt durch einen Mindestwert der Wärmekapazität des Kohlenstaubluftgemisches, der sich aus den beiden Wärmemengen q' und q'' zusammensetzt; seine Grenze ist durch die Staubkonzentration festgelegt.

Dazu sei folgendes bemerkt:

1. die gesamte frei werdende Wärmemenge Q ist proportional der Brennerleistung,

2. die Wärmemenge q kann einen von der Brennerleistung unabhängigen Höchstwert erreichen,

3. die Wärmemenge q' ist unabhängig von der Brennerleistung; sie sinkt mit zunehmenden Ausstrahlungsverlusten und ist abhängig von der Mahlfeinheit (physikalischer Einfluß),

4. die Wärmemenge q'' ist proportional der Brennerleistung und hängt ab von der Geschwindigkeit der exothermischen Reaktion (chemischer Einfluß).

Von Audibert ausgeführte Messungen[1] ergaben, daß das Verhältnis $q'' : q'$ in Grenzen liegt von $80 : 583{,}6$ WE/min. bis $120 : 583{,}6$ WE/min., d. h. $0{,}14$—$0{,}21$ WE/min.

Damit bestätigen sich die früheren Ausführungen, nach denen ein Kohlenstaubluftgemisch vornehmlich durch äußere Einwirkung auf seine Entzündungstemperatur gebracht wird, während die Wärmeabgabe durch exothermische Reaktionen nur einen Bruchteil der Gesamtwärme ausmacht.

Eng mit diesen Ausführungen ist die oft umstrittene Frage verknüpft: Ist die Kohlenstaubfeuerung ihrem Wesen nach eine Verfeuerung fester Brennstoffe oder eine Gasfeuerung?

Sieht man die Verbrennung fester oder flüssiger Brennstoffe, die sich unter normalen Verhältnissen immer an den Berührungsflächen des Stoffes mit der Luft vollzieht, als eine Flächenreaktion an, so kommt der Zeit dieser Reaktion, in der die Sauerstoffzuführung durch Diffusion und Relativbewegung zwischen Luft und Brennstoff stattfindet, eine genau bestimmbare, technisch meßbare Größe zu, die eine Funktion der Brennstoffoberfläche ist. Da bei der Kohlenstaubfeuerung auf Grund der meßbaren Oberfläche des Einzelkorns und auf Grund der meßbaren Verbrennungszeit des Einzelkorns eine solche Flächenreaktion eintritt, ist die Behauptung berechtigt: Die Verfeuerung der Stückkohle und die Verfeuerung des Kohlenstaubs sind gleichen Wesens[2].

Wird ein Kohlenstaubkorn mit dem Halbmesser k cm von einer Luftkugel mit dem Halbmesser L cm umschlossen, und stellt diese Luftkugel die zur vollkommenen Verbrennung notwendige Luftmenge dar, so ist der Luftbedarf einerseits

$$L_0 = \left(\frac{4 \cdot \pi \cdot L^3}{3} - \frac{4 \cdot \pi \cdot k^3}{3} \right) \text{cm}^3$$

[1] Revue de l'Industrie Minérale 1924, Nr. 73.

[2] Franke, Hannover, gelegentlich der Diskussionstagung über Kohlenstaubfeuerungen, 1.—2. Mai 1925.

und andererseits

$$L_0 = \frac{4 \cdot \pi \cdot k^3}{1430} \cdot 5{,}5 \cdot 10^6 \ \mathrm{cm^3}$$

wobei $L_0 = 5{,}5\ \mathrm{kg/m^3}$ — theoretischer Luftbedarf,

$\gamma\ = 0{,}7\ \mathrm{kg/m^3}$ — spez. Gewicht des Kohlenstaubs,

$\dfrac{1}{\gamma} = 1{,}43\ \mathrm{m^3/kg}$ — spez. Volumen des Kohlenstaubs ist.

Es besteht also:

$$\frac{4\pi}{3}(L^3 - k^3) = \frac{4 \cdot \pi \cdot k^3}{1430} \cdot 5{,}5 \cdot 10^6$$

$$L = k\sqrt[3]{3850}$$

$$L = 15{,}5\,k\,.$$

Sieht man nun die Verbrennung gasförmiger Stoffe, die sich unter bestimmten Temperatur- und Druckverhältnissen nach vorheriger Mischung mit der Verbrennungsluft vollzieht, als eine Volumenreaktion an, so ist das Kennzeichen der Volumenreaktion die Explosion, d. h. die Zeit der gesamten Reaktion hat — wenn auch keinen unendlich kleinen, so doch einen so geringen Wert, daß er technisch kaum meßbar ist. Nun ist das Volumenverhältnis von Brennstoff : Luft für den obigen Fall 1 : 3850, d. h. der Kohlenstaub nimmt 0,026 vH der Luftmenge ein (allgemein liegt das Volumenverhältnis in den Grenzen 1 : 2500 bis 1 : 11500, d. h. 0,04—0,0087 vH). Da bei diesen Verhältnissen die Reaktion in einer technisch meßbaren Zeit stattfindet, so dürfte bewiesen sein, daß die Verbrennung eine Oberflächenreaktion darstellt, d. h. daß die Verbrennung von Kohlenstaub eine Verbrennung fester Brennstoffe ist. Wäre sie eine Volumenreaktion, so würden die Verbrennungsbedingungen einfacher, und vor allem die Bedingungen für die Größenbemessung des Feuerraumes wesentlich einfacher und zur Erzielung hoher Kesselleistungen bei weitem günstiger.

B. Die Verwendung der Kohlenstaubfeuerung für Lokomotivkessel.

Die besondere Aufgabe dieser Beiträge geht dahin, die Verwendung der Kohlenstaubfeuerung für Lokomotivkessel der allgemeinüblichen Bauart zu untersuchen, wie sie entstand auf Grund einer planmäßigen, ein Jahrhundert lang währenden Entwicklung durch die Forderung eines weitgehenden Anpassungsvermögens an die schwankenden Verhältnisse, denen ein Lokomotivkessel ausgesetzt ist. Zu dieser ersten, allgemeinen Forderung gesellt sich eine zweite, die die Austauschbarkeit der Einrichtung für die Verfeuerung von Kohlenstaub gegen diejenige einer Verfeuerung von Stückkohle auf dem Rost verlangt, so daß die Kesselform eine auf Grund der allgemeinen Erkenntnisse der Kohlenstaubfeuerung zu erstrebende Änderung nicht erfahren darf, wenn sie den bewährten Gesichtspunkten der Betriebsbrauchbarkeit des vom Rost gefeuerten Lokomotivkessels entgegensteht. Hierin liegt unbestreitbar die größte Schwierigkeit, gegen die die dritte Forderung, d. i. die Verbrennung von Staub minderwertiger Brennstoffe nach den früheren Ausführungen unwesentlich erscheint.

I. Die konstruktive Ausbildung.

Die Verwendung der Kohlenstaubfeuerung auf Lokomotiven scheiterte bisher daran, daß einerseits bei Beibehaltung der bekannten Form der Feuerbüchse infolge unzweckmäßiger Bauart und ungeeigneter Anordnung der Brenner die Entbindung der großen Wärmemengen, die zur Erzielung der geforderten Lokomotivleistung notwendig war und die bei der Rostfeuerung fast mühelos durchgeführt werden konnte, nicht gelang, und daß andererseits bei Aufgabe der üblichen Kesselbauart ein vollständiger Umbau der Lokomotive notwendig geworden wäre, so daß die von jeder Bahnverwaltung geforderte Austauschbarkeit von Staubgegen Rostfeuerung hinfällig geworden wäre. Darüber hinaus bot die Verhütung des Abbrennens der Ausmauerung, die in Anlehnung an die Ausbildung ortsfester Feuerräume auch für Lokomotiven für notwendig erachtet wurde, durch die langen Stichflammen der bisher bekannten Brennerbauarten, bei denen das Gemisch von Kohlenstaub und Luft durch eine oder mehrere große Öffnungen in die Feuerbüchse eingeblasen wurde, eine ebenso große Schwierigkeit wie die Vermeidung der Schwalbennesterbildung, die in Amerika als eine der bedenklichsten Nebenerscheinungen bezeichnet wurde.

Grundsätzlich ist heute die Einführungsmöglichkeit der Kohlenstaubfeuerung für Lokomotiven üblicher Bauart — auch für diejenigen Einheiten, die bei verhältnismäßig kleinen Feuerbüchsen große Heizflächenbelastungen und somit sehr hohe spez. Feuerbüchsbelastungen erfordern — erwiesen.

Die Lösung der Frage wurde durch eine besondere Anordnung der Anlage, vor allem weitgehende Ausnutzung des Aschkastens als Verbrennungsraum, gut verteilte Zuführung der Verbrennungsluft, günstigen Einbau der notwendigen, genau bemessenen Ausmauerung und durch eine eigenartige, überaus zweckmäßige Ausbildung der Brennervorrichtung erreicht (Abb. 13 u. 14).

Das vom Lokomotivtender herbeigeführte, brennfertige Kohlenstaubluftgemisch wird — je nach der Größe der Lokomotive — in einer oder mehreren Leitungen (Abb. 14 zeigt als Schnittzeichnung nur eine

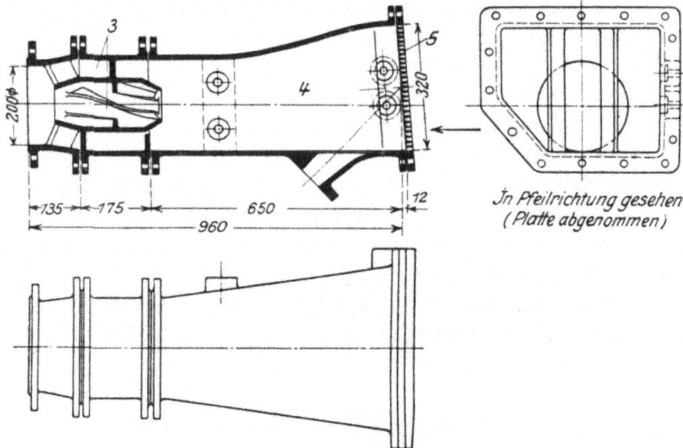

Abb. 13. Brennereinrichtung.

Leitung 1), die so bemessen sind, daß in ihnen bei Zuführung der günstigsten Luftmengen in Rücksicht auf Staubablagerungen keine Geschwindigkeiten des Kohlenstaubluftgemisches unter 15 m/sek. auftreten, durch ein Verbindungsstück (2) einem oder mehreren Brennern zugeführt. Innerhalb jedes Brenners befindet sich eine Mischkammer (3), in der durch Schraubenflächen, die in Rechts- und Linksdrall geführt sind, eine restlos innige Durchmischung des Staubes mit der Luft — bei großen Staubmengen unter besonderer Zusetzung von Frischluft — erfolgt. Das aus der Mischkammer (3) in den Brennermund (4) gelangende Kohlenstaubluftgemisch wird durch eine große Anzahl Einzelbrenner (5), die durch kleine, düsenförmige Bohrungen (5) in der den Brennermund (4) abschließenden Platte dargestellt werden, in zahlreiche, den Düsen entsprechende Einzelstrahlen zerlegt, die sich über einen kleinen, auf einem Hilfsrost (6) befindlichen Zündfeuer (für die erste Zündung) ausbreiten. Die Zündung erfolgt bei Verwendung der üblichen Braunkohlenstaubarten unmittelbar vor dem Einzelbrenner, so daß der Zündweg sehr kurz

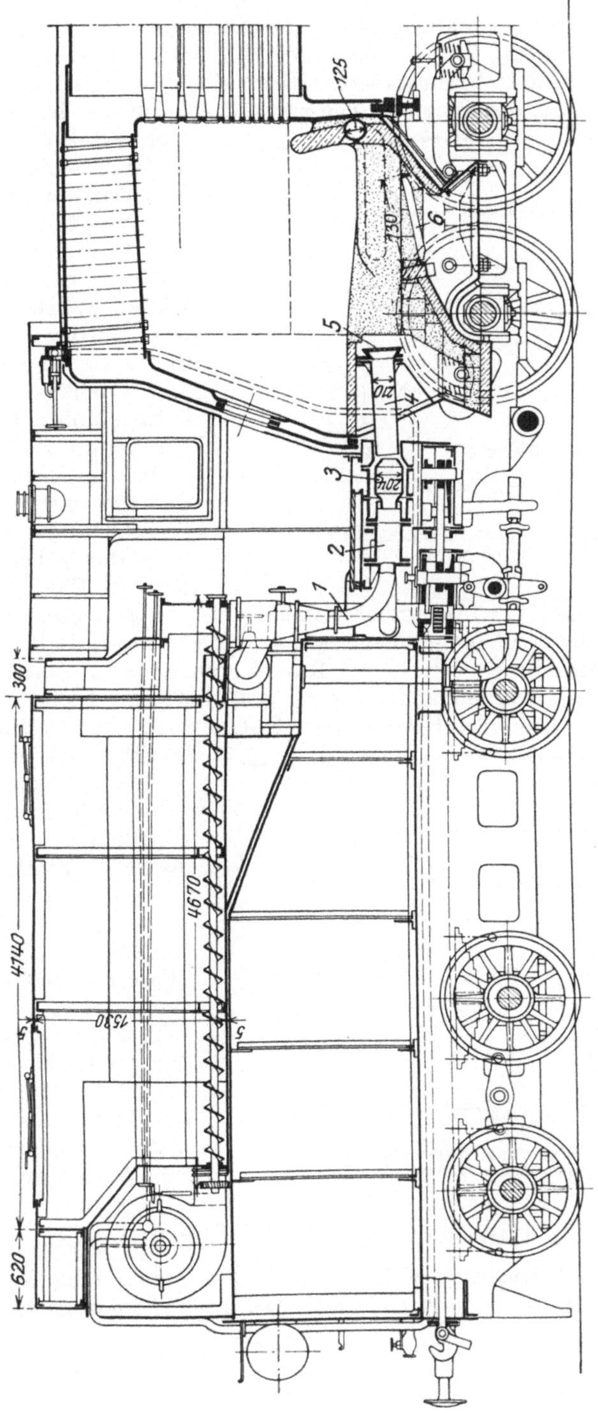

Abb. 14. Lokomotive mit Kohlenstaubfeuerung. (Bauart „Studiengesellschaft"; Entwurf für die 1-E-H-G-Lokomotive, Gattung G 12, der deutschen Reichsbahn.)

ist. Infolge der Ausbildung dieser mit „Brausenbrenner" bezeichneten Brennervorrichtung ist die Länge der Einzelstrahlen sehr kurz; etwa 30—40 cm vor dem Brenneraustritt bildet sich eine bauschige, kugelige, weiche Flamme, die die ganze Feuerbüchse ausfüllt und in der sich die

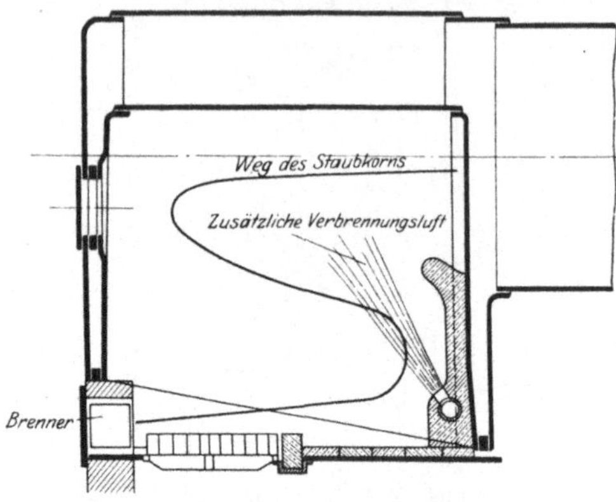

Abb. 15a. Weg des Kohlenstaubkorns durch die Feuerbüchse (neuere Anlage).

Kohlenstaubkörner etwa in der in Abb. 15a durch Linienzug wiedergegebenen Bahn fortbewegen. — Die restliche, zur Verbrennung der Koksstaubkörner notwendige Luft wird — durch die Ausmauerung vorgewärmt — fein verteilt aus der Rohrleitung unter der Feuerbrücke auf die Flammenspitze zugesetzt. Neben der wesentlichen Verbesserung der Verbrennung durch diese stufenförmige Einführung der Verbrennungsluft wird erreicht, daß auch die gesamten, zur Verbrennung notwendigen Luftmengen entsprechend einer Regelbarkeit der Kohlenstaubmenge in einem Bereich von 1 : 10 in diesen Grenzen genau geregelt werden können, ohne daß die in der Förderleitung (1) notwendigen Geschwindigkeiten des Kohlenstaubluftgemisches unterschritten werden.

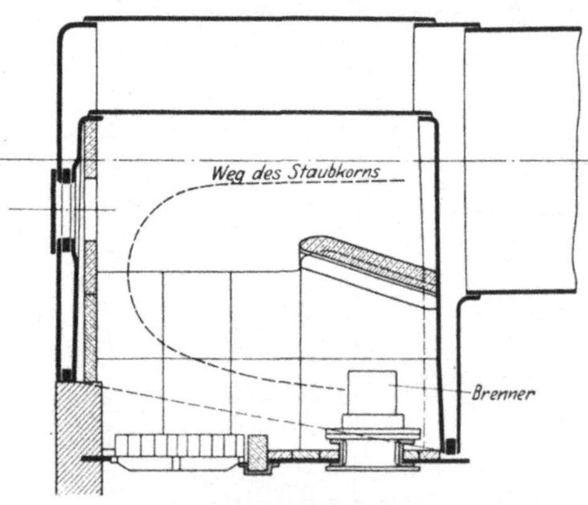

Abb. 15b. Weg des Kohlenstaubkorns durch die Feuerbüchse (ältere Anlage).

Der Anwendung dieses „Brausenbrenners" ist vornehmlich der überraschende Erfolg der bisherigen Ergebnisse in überwiegendem Maße zu verdanken: es wurden Feuerbuchsbelastungen von etwa 2 000 000 WE/m³ Std. erzielt, d. h. der zehnfache Wert der bei Schräg- und Steilrohrkesseln mit Kohlenstaubfeuerung erreichten Feuerungsleistungen.

II. Die rechnerischen Grundlagen.

Unter Berücksichtigung der oben für die Verwendung der Kohlenstaubfeuerung im Lokomotivkessel erwähnten Forderungen[1] sind im

---

[1] S. 39.

folgenden die Grundlagen für die Berechnung eines mit einer Kohlenstaubfeuerung betriebenen Lokomotivkessels allgemein beleuchtet und zahlenmäßig erfaßt. Dabei sind die Beispiele so gewählt, daß die errechneten
Werte den auf Grund der Versuche erzielten Ergebnissen gegenübergestellt werden können; die Berechnungen beziehen sich deshalb auf
den in Abb. 16 wiedergegebenen Lokomotivkessel, in dem die Untersuchungen durchgeführt wurden. Als Brennstoff liegt den Ausführungen
derselbe Kohlenstaub (Braunkohlenstaub aus dem mitteldeutschen
Braunkohlengebiet) zugrunde, der auch für die Versuche Verwendung
fand; die Beschaffenheit des Brennstoffes und der Rauchgase gibt
Tab. 12—15 wieder.

Tabelle 12. Beschaffenheit des Braunkohlenstaubes.

Elementaranalyse		C	H	S	O	N	Wasser	Asche
		0,556	0,045	0,021	0,18	0,05	0,094	0,054
Flüchtige Bestandteile	vH	32						
Heizwert . . . theoret. h	WE/kg	5152						
kalorim. h_u	WE/kg	5040						
Spez. Gew. . . γ	kg/m³	0,7						
Spez. Volumen. v	m³/kg	1,43						

Tabelle 13. Luftbedarf.

Sauerstoffbedarf	Theoretischer Luftbedarf	Luftüberschußzahl	Wirkliche Verbrennungsluftmenge	Rauchgasgewicht
S min	L_0	n	Ln	G
kg/kg	kg/kg		kg/kg	kg
1,66	7,16	1,3	9,33	10,33

Tabelle 14. Beschaffenheit der Rauchgase.

Zusammensetzung der Rauchgase	In (10,33—0,054)kg Rauchgas sind enthalten	In 1 kg Rauchgas sind enthalten	Spez. Gew. bei 0° C u. 760 mm Q. S. beträgt	Spez. Volumen beträgt	Das spez. Gew. der Rauchgase beträgt bei 0° C u. 760 mm Q. S.
	m	$\dfrac{m}{10,279}$	γ	$v \cdot \dfrac{m \cdot 1}{10,279 \cdot \gamma}$	γ_R
	kg/kg	kg/kg	kg/m³	m³/kg	m³/kg
CO_2	2,04	0,1988	1,96	0,101	—
H_2O	0,404 + 0,094	0,0485	0,804	0,0603	—
O_2	0,501	0,0487	1,429	0,0341	—
N_2	7,15 + 0,05	0,701	1,29	0,561	—
SO_2	0,04	0,0039	2,86	0,014	—
Σ	10,279	1,0009	—	0,7575	1,32

Ferner ist in Tab. 22 ein Auszug der Versuchsergebnisse der in dem
Kessel der 1-E-H-G-Lokomotive (Gattung G 12) der deutschen Reichsbahn durchgeführten Untersuchungen wiedergegeben, mit deren Auswertung der Ring dieser Betrachtungen geschlossen ist.

Tabelle 15. Mittlere spez. Wärme der Rauchgase $\mu \cdot c_p$ zwischen 0^0 und t^0 bei unveränderlichem Druck für 1 Mol.

t^0	2100	1700	1500	1300	1100	500	400
CO_2	12,35	12,09	11,92	11,71	11,47	10,34	10,08
H_2O	10,46	9,76	9,46	9,19	8,95	8,32	8,24
O_2	7,76	7,59	7,52	7,43	7,34	7,07	7,04
N_2	7,76	7,59	7,52	7,43	7,34	7,07	7,04
$\dfrac{\mu \cdot c_p}{\mu}$							
CO_2	2,81	2,74	2,71	1,66	2,605	2,35	2,29
H_2O	0,581	0,542	0,525	0,51	0,497	0,462	0,457
O_2	0,243	0,237	0,235	0,232	0,229	0,221	0,22
N_2	0,276	0,27	0,268	0,265	0,261	0,2508	0,25
$c_p \cdot \dfrac{m}{10,279}$							
CO_2	0,0557	0,0544	0,0536	0,0528	0,0518	0,0467	0,0455
H_2O	0,0282	0,0263	0,0254	0,0247	0,0241	0,0224	0,0222
O_2	0,0118	0,0116	0,0115	0,0113	0,0112	0,0108	0,0107
N_2	0,194	0,1895	0,188	0,186	0,183	0,176	0,1755
c_{pmR}	0,2897	0,2818	0,2785	0,2748	0,270	0,2559	0,2539

1. Die Feuerbuchsbelastung.

Den Berechnungen, deren allgemeine Form für jeden mit einer Kohlenstaubfeuerung ausgerüsteten Lokomotivkessel Gültigkeit hat, liegt folgender Gedanke zugrunde:

Ein vorhandener Lokomotivkessel (Abb. 16) ist ohne Veränderung der Kesselform von einer Rostfeuerung auf eine Kohlenstaubfeuerung umzustellen. Die bisher bei Verfeuerung guter Steinkohle auf dem Rost erreichte Kesselleistung von 60 kg/m²H · Std. Dampf von 330⁰ C bei 6 at üb. soll gewahrt bleiben. (Der niedrige Dampfdruck wurde gewählt in Rücksicht auf die Verwendung des erzeugten Dampfes in einer ortsfesten Anlage, die keinen höheren Druck zuließ.)

Die Wärmeleistung des Kessels beträgt:

$$Q_{ges} = x \cdot H \cdot \lambda \text{ WE/Std.}$$
$$= 60 \cdot 92{,}75 \cdot 726 \tag{29}$$
$$= 4\,050\,000 \text{ WE/Std.}$$

Es ist: $x = 60$ kg/m²H · Std. — stdl. erzeugte Dampfmenge/m²H,

$H = 92{,}75$ m² — Heizfläche des Kessels,

$\lambda = q' + r + c_{pm}(t_{\ddot{u}} - t_s)$ WE/kg

$= 146{,}1 + 495{,}9 + 0{,}508\,(330 - 164)$

$= 726$ WE/kg — Gesamtwärme des Dampfes.

Bei einem Feuerbuchsinhalt von $J_F = 4{,}1$ m³ muß deshalb die spez. Feuerbuchsbelastung sein:

$$Q_x = \frac{Q_{ges.}}{J_F}$$
$$= \frac{4\,050\,000}{4{,}1}$$
$$\sim 1\,000\,000 \text{ WE/m}^3\text{Std.}$$

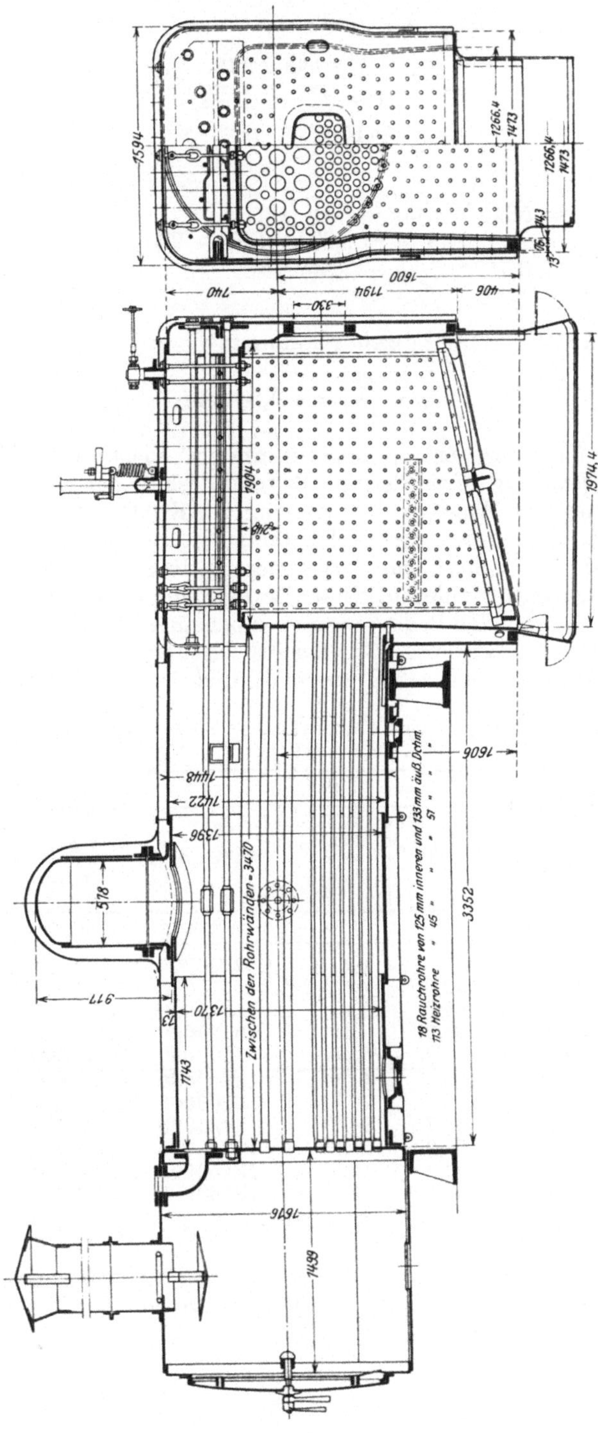

Abb. 16. Lokomotivkessel. (Versuchskessel für die Tab. 18 u. 19.)

Nach Gleichung (23) ist

$$Q = \frac{h_u \cdot 3600 \cdot 273}{(1 + L) \cdot v \cdot T \cdot z_v} = \frac{341\,000}{z_v}.$$

Es ist: $h_u = 5040$ WE/kg — Tab. 12,
$\qquad L = L_n = 1,3\,L_0 = 9,33$ kg/kg — Tab. 13,
$\qquad v = 0,757$ m³/kg — Tab. 14,
$\qquad T = 1580 + 273^0$ C[1].

Der Wert der Verbrennungszeit ist dann:

$$z_v = \frac{Q}{Q_x} = \sim 0,34 \text{ sek.}$$

Wird dieser Wert der Verbrennungszeit erreicht, so ist die Erzielung der geforderten Leistung gewährleistet. Es wird deshalb das erste Erfordernis zur Lösung der Frage der Verwendung der Kohlenstaubfeuerung im Lokomotivbetriebe sein, die Verbrennungszeit des Kohlenstaubkorns unter den in der Feuerbüchse gegebenen Bedingungen innerhalb bestimmter Grenzen festzulegen. Unter Berücksichtigung der diesem Beispiel zugrunde liegenden Bedingungen sind bei einer Verbrennungstemperatur von 1580^0 C die spez. Feuerbuchsbelastungen und die maximal zulässigen Verbrennungszeiten errechnet und in Tab. 16 dargestellt;

Tabelle 16.   Spez. Feuerbuchsbelastung und maximal zulässige Verbrennungszeit bei $t \sim 1580^0$ C.

Lok. Heizfläche m²	1 Heizflächenbelastung	2 Wirkungsgrad	3 Kohlenstaubbedarf	4 Wärmebedarf	5 Spez. Feuerbuchsbelastung	6 Zulässige Verbrennungszeit bei $t \sim 1580^0$.
	kg/m² · Std.	vH	t/Std.	WE/Std.	WE/m² · Std.	sec.
Kleine Lok. 92,75 m²	30	77,5	$0,515^1$	2680000	654000	0,595
	45,5	72,0	$0,84^1$	4370000	1065000	0,365
	53,0	68,3	$1,04^1$	5410000	1320000	0,295
	59,2	67,0	$1,19^1$	6190000	1505000	0,258
	70	64,0	$1,48^1$	7700000	1875000	0,207
G 12 195 m²	20	75,0	$0,69^2$	3380000	537000	0,682
	30	73,0	$1,06^2$	5200000	825000	0,444
	46,2	68,7	$1,73^2$	8480000	1345000	0,272
	55	67,0	$2,10^2$	10300000	1635000	0,224
	63	64,5	$2,5^2$	12250000	1950000	0,188
	65,8	60,2	$2,6^3$	13750000	2180000	0,181

[1] $h_u = 5200$.   [2] $h_u = 4900$.   [3] $h_u = 5280$.

außerdem sind die entsprechenden Werte ähnlicher Heizflächenbelastungen des G^{12}-Kessels beigefügt. Der bisher von mir für Braunkohlen-

---

[1] Vgl. S. 54 u. 61.

staub von einer Beschaffenheit nach Anhang ermittelte Höchstwert liegt jedoch bei

$$z_{\max} \sim 0{,}25 - 0{,}3 \text{ sek.,}$$

so daß insbesondere für den G^{12}-Kessel die Feuerungsleistung ohne weiteres nicht erreicht werden kann. Die geeignete Ausbildung der Brennereinrichtung, die zweckmäßige Zuführung von (vorgewärmter) Verbrennungsluft, die Anordnung der Ausmauerung — einerseits in Rücksicht auf günstige Anstrahlung des eingeblasenen Staubluftgemisches, andererseits in Rücksicht auf genügende Abstrahlung an die Feuerbuchswände — sind zwar Einflüsse, die die Verbrennungszeit noch unter die in Tab. 9 aufgeführten, versuchsmäßig ermittelten Werte herabsetzen; sie genügen jedoch nicht zur Erzielung der erforderlichen, kürzesten Dauer der Verbrennungszeit.

Soll nun die Feuerbuchsbelastung über das Maß hinaus gesteigert werden, das ihr nach der zur Verfügung stehenden, kürzesten Verbrennungszeit zukommt, so muß den aus Gleichung (22) und (23[1]) gewonnenen Erkenntnissen gemäß eine Verringerung des tatsächlichen Rauchgasvolumens stattfinden; diese wird durch die Herabsetzung der mittleren Rauchgastemperatur erreicht[2].

Die dadurch zulässig werdenden, verlängerten Verbrennungszeiten sind für $t = 1200^\circ$ C in Tab. 17 wiedergegeben; die Zusammenstellung verkürzter und verlängerter Verbrennungszeiten zeigt Abb. 17.

Tabelle 17. Spez. Feuerbuchsbelastung und maximal zulässige Verbrennungszeit bei $t \sim 1200^\circ$ C.

Lok. Heizfläche m²	1 Heizflächenbelastung	2 Wirkungsgrad	3 Kohlenstaubbedarf	4 Wärmebedarf	5 Spez. Feuerbuchsbelastung	6 Zulässige Verbrennungszeit bei $t \sim 1200^\circ$
	kg/m² · Std.	vH	t/Std.	WE/Std.	WE/m³ · Std.	sec.
Kleine Lok. 92,75 m²	30	77,5	0,515[3]	2680000	654000	0,75
	45,5	72,0	0,84[3]	4370000	1065000	0,45
	53,0	68,3	1,04[3]	5410000	1320000	0,371
	59,2	67,0	1,19[3]	6190000	1505000	0,325
	70	64,0	1,48[3]	7700000	1875000	0,261
G 12 195 m²	20	75,0	0,69[4]	3380000	537000	0,86
	30	73,0	1,06[4]	5200000	825000	0,558
	46,2	68,7	1,73[4]	8480000	1345000	0,323
	55	67,0	2,10[4]	10300000	1635000	0,266
	63	64,5	2,5[4]	12250000	1950000	0,235
	65,8	60,2	2,6[5]	13750000	2180000	0,228

Erreicht die tatsächlich erforderliche Verbrennungszeit des Staubkorns nun diesen zur Verfügung stehenden Wert, so ist der Grenzfall erreicht, d. h. der jetzige Wert:

verlängerte Verbrennungszeit $\times$ vermindertes Rauchgasvolumen ist gleich dem früheren Wert:

verkürzte Verbrennungszeit $\times$ erhöhtes Rauchgasvolumen,

[1] Vgl. S. 28. [2] Vgl. S. 32. [3] $h_u = 5200$. [4] $h_u = 4900$. [5] $h_u = 5280$.

die angestrebte hohe spez. Feuerbuchsbelastung wird aber jetzt erreicht, da in der verlängerten, zur Verfügung stehenden Verbrennungszeit das Staubkorn wirklich ausbrennen kann. Bleibt darüber hinaus die tatsächlich erforderliche Verbrennungszeit des Staubkorns unter diesem Wert der zur Verfügung stehenden Verbrennungszeit, so erfährt das Produkt $V \cdot z$ (Gleichung 22) eine Verminderung, so daß sogar eine Steigerung der spez. Feuerbuchsbelastung stattfindet.

Klarer umrissen werden diese Verhältnisse durch Abb. 17, deren Kurven wertvolle Schlüsse zulassen. Zunächst ist die Abhängigkeit der Heizflächenbelastung von der spez. Feuerbuchsbelastung für die beiden Lokomotivkessel dargestellt. Darüber hinaus lassen die Kurven der zu-

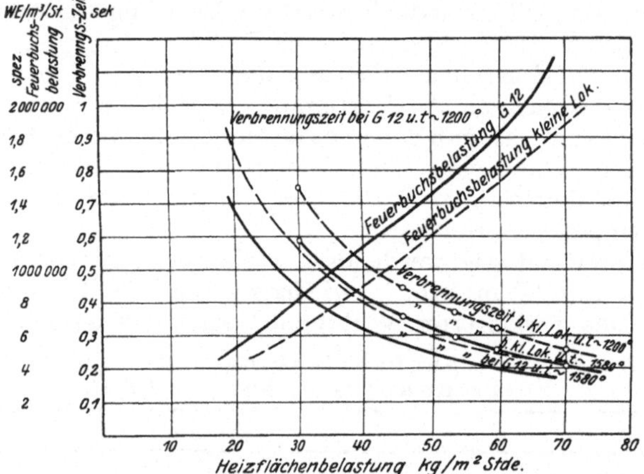

Abb. 17. Spez. Feuerbuchsbelastung bzw. Verbrennungszeit des Staubkorns und Heizflächenbelastung.

lässigen Verbrennungszeiten erkennen, daß die notwendige Verkürzung der Verbrennungszeit absolut um so geringer wird, je höheren Dampfleistungen man sich nähert, daß jedoch die Differenz der Verbrennungszeit bei verschiedenen Temperaturen mit steigender Heizflächenbelastung immer geringer wird. Folgt man diesen Erkenntnissen weiter, so ersieht man, daß bei der Abhängigkeit der wirklichen Verbrennungszeit von der Staubkorngröße mit der Steigerung der Heizflächenbelastung nur eine immer unbedeutendere Feinheitssteigerung des Korns notwendig wird, so daß auch für die höchsten Leistungen die nur noch geringe, notwendige Steigerung der Staubfeinheit sowohl technisch herstellbar als auch wirtschaftlich tragbar ist.

Von wie einschneidender Bedeutung die zweckmäßige Anordnung der gesamten Feuerungseinrichtung ist, zeigen Tab. 18 und 19; insbesondere die Werte der Tab. 18 lassen auf erhebliche Mengen unverbrannten Staubes schließen. Beide Tabellen sind den Versuchsprotokollen entnommen, die auf Grund der in dem Prüfstand (Abb. 21) ausgeführten Untersuchungen aufgestellt wurden. Während jedoch Tab. 18 und Abb. 18 die Auswertung der Versuche bei einer inzwischen veralteten Anordnung anzeigt, bei der das eintretende Staubluftgemisch von der Feuerbuchsvorderwand eingeblasen wurde (Abb. 15b), gibt Tab. 19 und Abb. 19 die Ergebnisse der Versuche wieder, die mit einer verbesserten Anlage durchgeführt wurden. Durch Umstellung der Brennereinrichtung wurde das Kohlenstaubluftgemisch von der

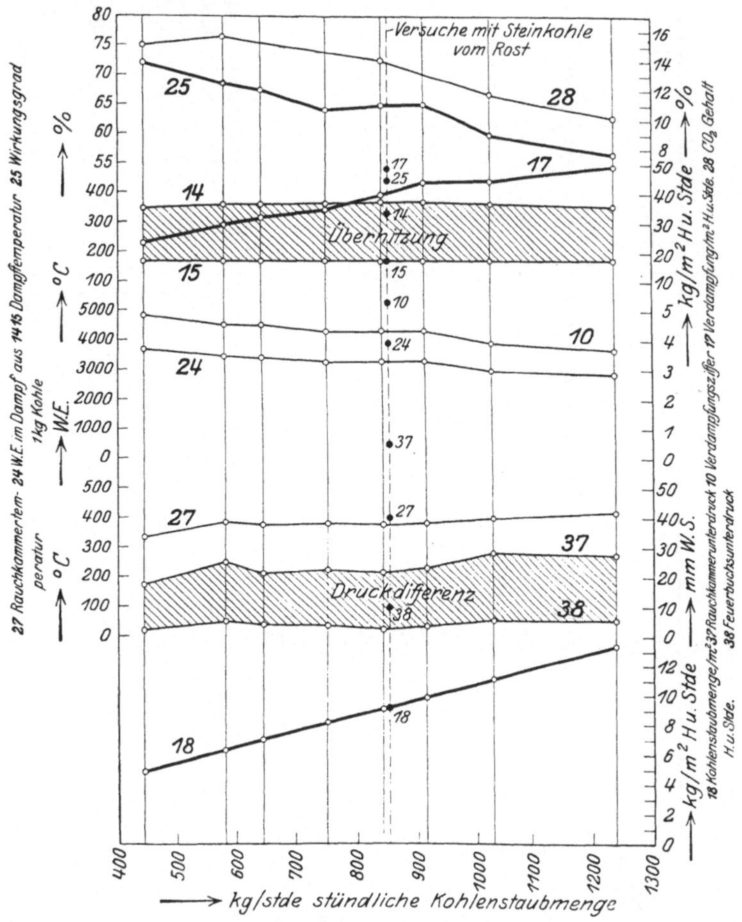

Abb. 18. Hauptergebnisse (nach Tab. 18).

Feuerbuchsrückwand her eingeblasen[1] und dadurch dem einzelnen Staubkorn von vornherein ein längerer Weg zur Verbrennung zugewiesen (Abb. 15a).

Die Ergebnisse — insbesondere die der Tab. 18 — zwingen zu der Annahme, daß ein Teil der Kohlenstaubkörner unverbrannt oder nur halb verbrannt die Feuerbüchse verläßt. Werden diese Verluste — ein-

---

[1] Vgl. S. 30.

Tabelle 18. Versuchsergebnisse (ältere Anlage).

			1	2	3	4	5	6	7	8	9	10
1	Heizfläche des Kessels	H m²					92,75					
2	Heizfläche des Überhitzers	$H\ddot{u}b$ m²					25,7					
3	Ehem. Rostfläche des Kessels	R m²					2,54					
4	$R:H$						1 : 36,5					
5	Unterer Heizwert	WE/kg	5040	5040	5000	5040	5000	5000	5040	5040	5740	5040
6	Elementaranalyse des Kohlenstaubes[1]:											
	C	vH					57,75					
	H	vH					4,28					
	N + O	vH					21,76					
	S	vH					1,09					
	Wasser	vH					9,61					
	Asche	vH					5,51					
7	Kohlenstaubsiebung[2]:											
	Rückstand auf Sieb I 733 M	vH					3,3					
	Rückstand auf Sieb II 1842 M	vH					5,0					
	Rückstand auf Sieb III 3970 M	vH					8,0					
	Rückstand auf Sieb IV 7390 M	vH					56,5					
	Durchgesiebt durch Sieb IV	vH					24,7					
	Verlust	vH					2,5					
8	Stündlich verfeuerte Kohlenstaubmenge	B kg/Std.	444	582	646	750	840	915[3]	1030[3]	1240[3]	586	680[3]
9	Stündlich verdampfte Wassermenge	D kg/Std.	2120	2620	2910	3180	3590	3932	4020	4530	2880	2650
10	Verdampfungsziffer brutto		4,8	4,5	4,5	4,25	4,3	4,3	3,9	3,65	4,94	3,9
11	Verdampfungsziffer reduziert		4,9	4,6	4,6	4,35	4,4	4,4	3,98	3,72	5,1	4,0
12	Kesseldruck	at Üb.	6	6	6	6	6	6	6	6	6	6
13	Speisewassertemperatur	°C	2	2	10	2	10	8	2	2	2	2
14	Dampftemperatur des Heißdampfes	°C	346	355	360	358	365	365	356	350	375	382
15	Dampftemperatur des Naßdampfes	°C	164	164	164	164	164	164	164	164	164	164
16	Überhitzung	°C	182	191	196	194	201	201	192	186	211	218
17	Auf 1 m² H erzeugte Dampfmenge	kg/m² H u. Std.	22,6	28,2	31,5	34,3	39	43	43,3	49	31	28,5
18	Stündliche verfeuerte Kohlenstaubmenge bezogen auf m² H	kg/m² H u. Std.	4,8	6,3	7	8,1	9,05	9.8	11	13,3	6,33	7,3

19	Äquivalente errechnete Heizflächenbeanspruchung für Steinkohle von 6800 WE bezogen auf $m^2 H$	kg/m² H u. Std.	3,56	4,67	5,2	6,0	6,7	7,2	8,15	9,9	4,68	5,4
20	Verfeuerte Kohlenstaubmenge bezogen auf den Feuerbuchsinhalt. $I = 4,1$ m³	kg/m³ u. Std.	108	131	157,5	183	205	224	252	303	132	168
21	WE aus 1 kg Dampf aus dem Kessel	WE	660	660	652	660	652	654	660	660	660	660
22	WE aus 1 kg Dampf aus dem Überhitzer	WE	92,5	97	99,5	96,5	102	102	97,5	94,5	107	111
23	WE aus 1 kg Dampf	WE	752,5	757	751,5	758,5	754	756	757,5	754,5	767	771
24	WE in dem von 1 kg Kohlenstaub erzeugten Dampf	WE	3650	3410	3380	3220	3220	3250	2960	2760	3770	3010
25	Wirkungsgrad des Kessels	vH	72,0	68,0	67,5	64,0	64,8	65,0	59,0	55,5	75,5	60,0
26	Temperatur der Verbrennungsluft	°C	3	3	—	3	—	—	5	5	4	5
27	Temperatur in der Rauchkammer	°C	335	381	370	378	375	380	398	416	383	410
28	Zusammensetzung der Rauchgase:											
	CO_2	vH	15	15,5	—	14	—	—	11—12,5 [4]	9—11 [4]	13—17,5 [4]	10—11 [4]
	O_2	vH	4,7	4,2	—	—	—	—				
	CO_{2max} (errechnet)	vH					19,7 [5]					
29	Theoretisch notwendige [6] Verbrennungsluftmenge	m³/kg	2595	3600	3942 [7]	4380	5135 [7]	5680 [7]	6060	7300	3450	3998
30	Zugeführte Luft durch Förderleitung	m³/Std.	1210	1620	1710	1710	1710	1710	1710	1510	1710	1710
31	Zugeführte Luft durch Mischluftleitung	m³/Std.	520	600	730	730	730	730	730	730	600	730
32	Zugeführte Luft durch Zerteilerluftleitung	m³/Std.	980	1410	1630	1630	1630	1630	1630	1630	1320	1630
33	Gesamt zugeführte Luftmenge	m³/Std.	2710	3630	4070	4070	4070	4070	4070	4070	3430	4070
34	Anteil der Förderluftmenge an der Gesamtluft	vH	44	44	42	42	42	42	42	42	44	42
35	Luftüberschuß	n	1,05	1,03	1,03	0,93	0,79	0,72	0,67	0,56	0,995	1,02
	Luftüberschuß nach Rauchgasanalyse [8]	n	1,3	1,27	—	—	—	—	—	—	—	—
36	Überdruck im Windkessel	mm WS	165	165	160	160	160	160	160	160	165	160
37	Unterdruck in der Rauchkammer	mm WS	16—18	25	20—22	20—24	20—22	23	28	26—28	50	50—60
38	Unterdruck in der Feuerbüchse	mm WS	2	5	4	4	2	3	5	5	7	8

4*

[1] Die Elementaranalyse bezieht sich nur auf den Kohlenstaub mit dem Heizwert von 5040 WE/kg.
[2] Die Mahlfeinheit entspricht einer Feinheit von etwa 20 vH Rückstand auf 4900 Maschensieb bei einem Feuchtigkeitsgehalt von 11,54 vH.　　[3] Unverbranntes geht mit den Rauchgasen ab.　　[4] CO in den Abgasen enthalten.
[5] CO_{2max} beträgt für sämtliche hier verfeuerten Staubsorten im Mittel etwa 19,7 vH.
[6] Bei 4° C und 760 mm Q.S. beträgt $L_0 = 5,98$ m³/kg Kohlenstaub.　　[7] Bei 15° C angenommen, beträgt $L_0 = 6,1$ m³/kg.
[8] Die Werte $L n R$ zeigen an, daß Luft durch Undichtigkeiten des Aschkastens nachgesaugt wurde.

Tabelle 19. Versuchsergebnisse (verbesserte Anlage).

Dt.			5. 6.	28. 5.	5. 6.	23. 6.	24. 6.	24. 6.				
Nr.			1	2	3	4	5	6	7	8	9	10
1	Heizfläche des Kessels	H m²				92,75						
2	Heizfläche des Überhitzers	$H\ddot{u}b$ m²				25,7						
3	Ehemalige Rostfläche des Kessels	Rm²				2,54						
4	$R:H$					1:36,5						
5	Unterer Heizwert	WE/kg	5200	5200	5200	5200	5200	5200				
6	Elementaranalyse des Kohlenstaubes:											
	C	vH	55,82	55,82	55,82	55,82	55,82	55,82				
	H	vH	4,66	4,66	4,66	4,66	4,66	4,66				
	N+O	vH	24,28	24,28	24,28	24,28	24,28	24,28				
	S	vH	2,14	2,14	2,14	2,14	2,14	2,14				
	Wasser	vH	7,70	7,70	7,70	7,70	7,70	7,70				
	Asche	vH	5,4	5,4	5,4	5,4	5,4	5,4				
7	Kohlenstaubsiebung[1]											
	Rückstand auf Sieb I 733 M	vH	1,5	1,5	1,5	1,5	1,5	1,5				
	„ „ „ II 1842 M	vH	4,00	4,00	4,00	4,00	4,00	4,00				
	„ „ „ III 3970 M	vH	7,00	7,00	7,00	7,00	7,00	7,00				
	„ „ „ IV 7390 M	vH	60,5	60,5	60,5	60,5	60,5	60,5				
	Durchgesiebt durch Sieb IV	vH	25,0	25,0	25,0	25,0	25,0	25,0				
	Verlust	vH	2,00	2,00	2,00	2,00	2,00	2,00				
8	Stündlich verfeuerte Kohlenstaubmenge	B kg/Std.	840	1040	1190	1480	1040	840				
9	Stündlich verdampfte Wassermenge	D kg/Std.	4240	4920	5490	6490	5030	4110				
10	Verdampfungsziffer brutto		5,0	4,72	4,61	4,38	4,83	4,88				
11	Verdampfungsziffer reduziert		5,12	4,84	4,72	4,48	4,94	5,0				
12	Kesseldruck	at Üb.	6	6	6	6	6	6				
13	Speisewassertemperatur	°C	10	10	11	11	11	11				
14	Mittl. Dampftemperatur des Heißdampfes	°C	346	363	365	370	385	394				
15	Dampftemperatur des Naßdampfes	°C	164	164	164	164	164	164				
16	Überhitzung	°C	181	199	201	206	221	230				
17	Auf 1 m² H erzeugte Dampfmenge	kg/m² H u.Std.	45,5	53,0	59,2	70,0	54,3	44,5				
18	Stündlich verfeuerte Kohlenstaubmenge bezogen auf m² H	kg/m² H u.Std.	9,1	11,2	12,8	16,0	11,2	9,1				
19	Äquivalente errechnete Heizflächenbeanspruchung für Steinkohle von 6800 WE bezogen auf m² H	kg/m² H u.Std.	6,9	8,6	9,8	12,2	8,6	6,9				

19a	Äquivalente errechnete Rostbelastung für Steinkohle von 6800 WE bezogen auf m³ R	kg/m² R u. Std.	252	312	358	445	312	252
20	Verfeuerte Kohlenstaubmenge bezogen auf den Feuerbuchsinhalt. $J = 4,1$ m³	kg/m³ u. Std.	205	254	291	360	254	205
21	WE aus 1 kg Dampf aus dem Kessel	WE	652	652	551	651	651	651
22	WE aus 1 kg Dampf aus dem Überhitzer	WE	91	100	101	110	112	116
23	WE aus 1 kg Dampf	WE	743	752	752	761	763	767
24	WE in dem von 1 kg Kohlenstaub erzeugten Dampf	WE	3720	3540	3470	3420	3690	3750
25	Wirkungsgrad des Kessels	vH	72	68,3	67	64	70	72
26	Temperatur der Verbrennungsluft	° C	22	24	25	16	17	17
27	Mittlere Temperatur in der Rauchkammer	° C	361	365	370	380	374	392
28	Zusammensetzung der Rauchgase	° C						
	CO_2 Mittelwert	vH	15,4	15,2	14,9	14,2	15,6	15,0
	O_2 "	vH	—	—	—	—	—	—
	CO "	vH	—	—	—	—	—	—
	CO_{2max} (errechnet)	vH	19,9	19,9	19,9	—	—	—
29	Theoretisch notwendige[2] Verbrennungsluftmenge	m³/kg	5120	6400	7350	9040	6400	5120
30	Zugeführte Luft durch Förderleitung	m³/Std.	1980	2920	3080	3240	3240	1680
31	Zugeführte Luft durch Mischluftleitung	m³/Std.	1500	1500	1600	1680	1680	630
32	Zugeführte Luft durch Gegenluftleitung	m³/Std.	1720	2180	2170	2200	2200	1540
33	Gesamte zugeführte Luftmenge	m³/Std.	5200	6600	6850[3]	7120[3]	7120	3850[3]
34	Anteil der Förderluftmenge an der Gesamtluft	vH	38	44	45	50,5	50,5	43,5
35	Luftüberschuß	n	1,02	1,02	—	—	1,11	—
	Luftüberschuß nach Rauchgasanalyse	n	1,29	1,3	1,33	—	—	—
36	Überdruck im Windkessel	mm WS	300	295	290	320	315	340
36a	Mittlerer Überdruck im Kohlenstaubbehälter etwa	mm WS	200	200	200	210	220	250
37	Unterdruck in der Rauchkammer	mm WS	20—22	24	28	30—40	60—65	60—70
38	Unterdruck in der Feuerbüchse	mm WS	4	5	5—6	8	18	16—20

[1] Die Mahlfeinheit entspricht einer Feinheit von etwa 15 vH Rückstand auf 4900 Maschensieb.
[2] Bei 0° und 760 m/m Q. S. beträgt $L_0 = 5,65$ m³/kg Kohlenstaub.
[3] Restlich notwendige Luft durch Rost angesaugt.

schließlich der durch Abstrahlung in den Aschekasten entstehenden — schätzungsweise zu 10 vH angenommen[1], so ergibt sich eine tatsächliche Verbrennungstemperatur von

$$t_a = 0{,}9\,t'$$
$$= 1580^0\,\text{C},\tag{30}$$

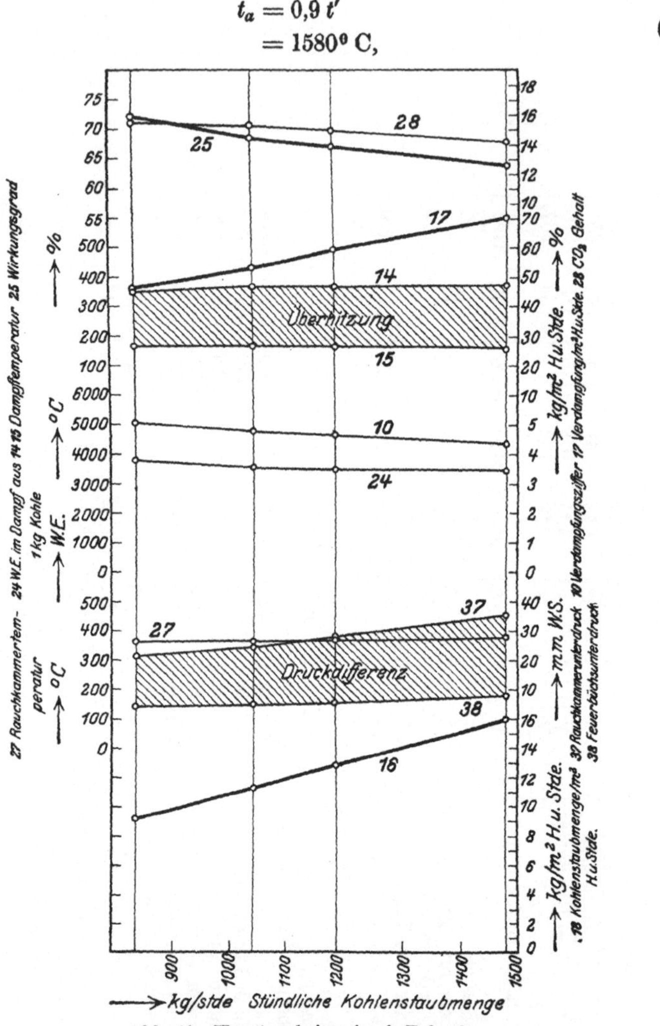

Abb. 19. Hauptergebnisse (nach Tab. 19).

wobei die theoretische Verbrennungstemperatur ist:

$$t' = \frac{h_u}{c_{pm} \cdot (1 + L_n)}$$
$$= \frac{5040}{0{,}28 \cdot (1 + 9{,}33)} = 1750^0\,\text{C}\,.$$

---

[1] Vgl. S. 60.

Die tatsächlichen in der Feuerbüchse durch Messung bestimmten Temperaturen der Rauchgase gibt Abb. 20 und Tab. 20 an.

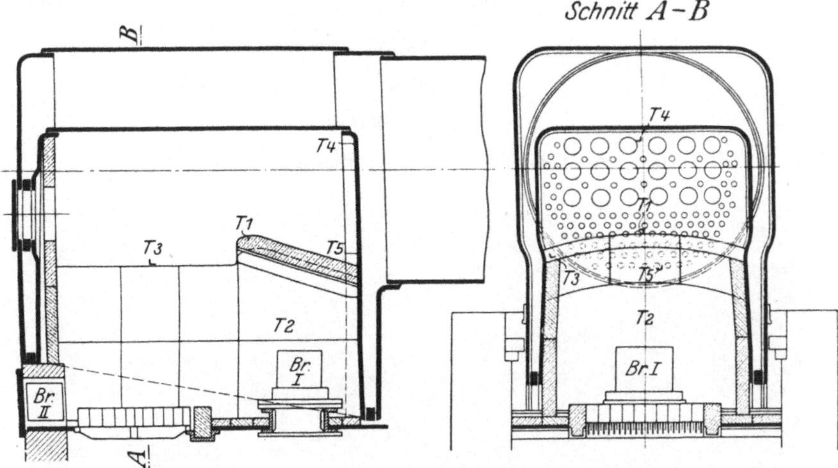

Abb. 20. Temperaturmeßstellen in der Feuerbüchse (zu Tab. 20).

Zur Erzeugung der gesamten Wärmeleistung $Q_{ges} = 4\,050\,000\,\mathrm{WE/Std.}$ ist eine Rauchgasmenge erforderlich:

$$G_{ges} = \frac{Q_{ges}}{c_{p\,m}(t_a - t_e)}$$

$$= \frac{4\,050\,000}{0,278\,(1580 - 380)} \tag{31}$$

$$= 12\,250\,\mathrm{kg/Std.},$$

Tabelle 20. Temperaturen in der Feuerbüchse[1].

Nr.	1[2]	2[2]	3[3]	4[3]
Kohlenstaubmenge kg/Std.	750	1030	840	1190
T_1 °C	980—1020	1020—1060	1280—1380	1380—1410
T_2 °C	—	—	1380—1410	1410—1460
T_3 °C	940—980	940—980	—	1280—1380
T_4 °C	1020—1120	1020—1120	1060—1120	1120—1160
T_5 °C	940—980	940—980	1060—1120	1060—1120

wobei $t_e = 380^\circ$ C die zunächst angenommene Temperatur der Rauchgase in der Rauchkammer ist.

---

[1] Messungen mit Segerkegel und optischem Pyrometer.
[2] Messungen bei Versuchen nach Tab. 18.
[3] Messungen bei Versuchen nach Tab. 19.

Die stündlich aufzuwendende Kohlenstaubmenge ist somit

$$B = \frac{G_{ges.}}{(1 + L_n)} \tag{32}$$

$$= \frac{12\,250}{10,3}$$

$$= 1190 \text{ kg/Std.}$$

Die Berechnung der Feuerbuchsgrenzbelastung erfolgt unten[1].

Abb. 21. Prüfstand der ortsfesten Versuchskesselanlage für Kohlenstaubfeuerung auf Lokomotiven.

III. Die Energieumsetzung.

Die Quelle des Wärmestroms liegt in der Feuerbüchse; in ihr muß die ganze im Brennstoff gebundene Wärmeenergie möglichst restlos frei gemacht werden. In ihr muß aber auch ein Teil der entwickelten Wärmeenergie nutzbar gemacht werden, so daß der Feuerbüchse — (auch als Feuerraum der Kohlenstaubfeuerung) — nicht nur die Stellung des Verbrennungsraumes, sondern auch die des Arbeitsraumes zukommt. So tritt die Heizfläche der Feuerbüchse als erstes Bindeglied in der Energieumsetzung auf, der sich dann die Heizflächen der Heiz-, Rauch- und Überhitzerrohre anschließen. Infolge der Eigenheiten der Kohlenstaubfeuerung verschiebt sich jedoch die Verteilung der umgesetzten Wärmemengen auf die verschiedenen Heizflächen bei Verwendung der Kohlenstaubfeuerung gegenüber der Verwendung der Rostfeuerung, und zwar in der Weise, daß bei Erzielung derselben Leistung in dem Lokomotivkessel, in dem Kohlenstaub verfeuert wird, der durch Strahlung übergegangenen Wärmemenge ein höherer Wert zukommt als in dem,

---

[1] Vgl. S. 67.

der mit Stückkohle vom Rost beheizt wird. Diese neuesten, durch viele Versuche erhärteten Erkenntnisse haben erst in letzter Zeit durch die Erforschung der Gasstrahlung im allgemeinen und der Strahlung der Kohlenstaubflamme im besonderen ihre Aufklärung gefunden; jedoch sind diese Arbeiten noch nicht soweit gediehen, daß grundlegende, zahlenmäßige Angaben über die in der Feuerbüchse übertragene Wärmemenge gemacht werden können. Zudem ergibt sich von selbst, daß ihre Bestimmung, die auch bei der Rostfeuerung in ihren einzelnen Stufen nur angenähert möglich ist[1], durch Anlehnung an die im Lokomotivbau allgemeinüblichen Berechnungsarten für die Verwendung der Kohlenstaubfeuerung nicht durchgeführt werden kann, während die Berechnung der im Langkessel übertragenen Wärmemenge grundsätzlich nach denselben Gesichtspunkten erfolgt wie bei der Rostfeuerung.

Gemäß den durch die Aufgabe (S. 44) gestellten Bedingungen und den in diesem Sonderfall durchgeführten Messungen ergibt sich die im Langkessel insgesamt an Wasser und Dampf übertragene Wärmemenge zu:

$$Q_L = G_{\text{ges.}} \cdot c_p \, (t_a - t_e) \qquad (33)$$
$$= 12\,250 \cdot 0{,}27 \, (1105 - 420)$$
$$= 2\,270\,000 \text{ WE/Std.},$$

wobei $t_a = 1105^0$ C die mittlere Rauchgastemperatur beim Eintritt in die Rohre (Versuchswert),

$t_e = 420^0$ C die mittlere Rauchgastemperatur beim Austritt aus den Rohren ist (Versuchswert).

Zur angenäherten Erfassung der Wärmeübertragung in einer Feuerbüchse bei einer Kohlenstaubfeuerung soll ein Weg gewiesen werden durch nachstehende Überlegungen.

In einem mit einer Kohlenstaubfeuerung ausgerüsteten Lokomotivkessel wird die in der Feuerbüchse übergehende Wärmemenge übertragen durch:

1. Konvektion,
2. Oberflächenstrahlung der Feuerbrücke und der Ausmauerung,
3. Wärmeleitung der Ausmauerung,
4. Eigenstrahlung der Flamme.

Berücksichtigt man, daß die Wärmeabgabe durch Strahlung und Leitung der Ausmauerung erst dann stattfinden kann, wenn durch Konvektion und Eigenstrahlung der Flamme (diese beiden letzten Glieder ihrerseits zu trennen dürfte beim Stande der heutigen Erforschung noch nicht möglich sein) eine Wärmeübertragung an die Ausmauerung stattgefunden hat, so erhellt, daß die Wärmeabgabe in der Feuerbüchse im Grunde genommen lediglich auf dem Wärmeübergang durch Konvektion und Eigenstrahlung der Flamme beruht. Dabei möge von der Oberflächenstrahlung des einzelnen Kohlenstaubkorns abgesehen sein und angenommen werden, daß sein Leuchten nur die Eigenstrahlung der Flamme verstärkt. Diese Wärmeübertragung durch die Eigenstrahlung

---

[1] Das Eisenbahnmaschinenwesen der Gegenwart. Erster Teil: Die Lokomotiven. Berlin 1920, S. 670.

der Flamme ist aber noch so unerforscht, daß nur angenähert ein Weg gezeigt werden kann, der folgende Ausblicke gibt:

Der Wärmeübergang durch Konvektion läßt sich nach der von Nusselt und Görges aufgestellten Formel[1] berechnen. Obgleich die Versuchsbedingungen bei Aufstellung dieser Formel wesentlich einfacher waren, als sie in einer Feuerbüchse gegeben sind, dürfte sich doch ein angenäherter Wert ergeben. Es ist:

$$\alpha \sim k = 614 \cdot w^{0,78} \; \text{WE}/\text{m}^2\,\text{Std.}\,^0\text{C}\,. \tag{34}$$

Bei einer mittleren Temperatur der Rauchgase in der Feuerbüchse von $t = 1200^0$ C — wie sie aus der bereits bekannten Temperatur der Rauchgase vor der Feuerbüchsrohrwand angenähert geschätzt werden kann[2] — beträgt das Rauchgasvolumen

$$V_R' = 0,785 \cdot \frac{1200 + 273}{273} = 4,24 \; \text{m}^3/\text{kg}\,.$$

Bei einem über der Feuerbrücke zur Verfügung stehenden Querschnitt $f = 0,85$ m² ergibt sich die Geschwindigkeit der Rauchgase zu

$$w = \frac{V_R \cdot G_{\text{ges}}}{f \cdot 3600}$$
$$= \frac{4,24 \cdot 12,250}{0,85 \cdot 3600} = 17 \; \text{m}/\text{sek}\,.$$

Somit ist
$$k = 6,14 \cdot 17^{0,78}$$
$$= 56,5 \; \text{WE}/\text{m}^2\,\text{Std.}\,^0\text{C}\,.$$

Es soll aber betont werden, daß, solange keine Versuchsergebnisse über die Verhältnisse des konvektiven Übergangs in einer Feuerbüchse vorliegen, dieser Wert und seine Errechnung nur eine Annäherung bedeutet. Jedoch ist anzunehmen, daß der konvektive Übergang erhöht wird, wenn die Rauchgase — wie es auch aus Gleichung (34) hervorgeht — mit möglichst großer Geschwindigkeit und zweckmäßig in möglichst turbulenter Strömung an den Feuerbuchswandungen entlang gehen; entsprechend dürfte dann für die Ausmauerung eine möglichst geringe Geschwindigkeit und eine geordnete Strömung anzustreben sein.

Unter Berücksichtigung der Mitteltemperatur der Rauchgase vor der Feuerbuchsvorderwand von $t = 1100^0$ C[3] läßt sich die Höchsttemperatur der Rauchgase in der Feuerbüchse errechnen aus

$$t = t_s' + (t_1 - t_s)\, e^{-\frac{k \cdot H_f}{G_{\text{ges}} \cdot c_p}} \tag{35}$$

zu
$$t_1 = 1320^0\,\text{C}\,,$$

wobei $H_f = 12,14$ m² — die Feuerbuchsheizfläche,
$k = 56,5$ WE/m²Std. ^{0}C ist.

---

[1] Schack u. Rummel: Mitt. 51 der Wärmestelle des Vereins deutscher Eisenhüttenleute, S. 17.

[2] Vgl. Tab. 20.   [3] Vgl. Tab. 20.

[4] Vgl. Schack u. Rummel, Mitt. der Wärmestelle des Vereins deutscher Eisenhüttenleute, Nr. 51.

Damit wird die durch Konvektion übertragene Wärmemenge:

$$Q_{\mathrm{Kon}} = G_{\mathrm{ges}} \cdot c_p\,(t_1 - t)$$
$$= 12\,250 \cdot 0{,}272\,(1320 - 1100)$$
$$= 717\,000 \; \mathrm{WE/Std.}$$

Die nach den bisherigen Berechnungen insgesamt übergegangene Wärmemenge beträgt:

$$Q_b = Q_L + Q_{\mathrm{Kon}}$$
$$= 2\,270\,000 + 717\,000$$
$$= 2\,987\,000 \; \mathrm{WE/Std.}$$

Die an der geforderten — und in diesem Sonderfalle durch Versuch erreichten — Wärmeleistung noch fehlende Wärmemenge kann nur durch Strahlung in der Feuerbüchse übergegangen sein; sie beträgt:

$$Q_s = Q_{\mathrm{ges}} - Q_b$$
$$= 4\,050\,000 - 2\,987\,000$$
$$= 1\,063\,000 \; \mathrm{WE/Std.}$$

oder $\qquad\qquad$ 296 WE/sek.

Da die theoretische Wärmemenge

$$Q_{th} = B \cdot h_u \; \mathrm{WE/Std.}$$
$$= 1190 \cdot 5040$$
$$= 6\,000\,000 \; \mathrm{WE/Std.}$$

oder $\qquad\qquad$ 1665 WE/sek.

beträgt, ergibt sich als das Verhältnis der durch Strahlung übergegangenen Wärmemenge zur theoretischen Wärmemenge:

$$\sigma = \frac{296}{1665}$$
$$= 0{,}178 = \frac{1}{5{,}6}\,.$$

Da diese Erscheinung, nach der der Strahlung ein solch hoher Wert zukommt, versuchsmäßig durch die Erzielung der geforderten Wärmeleistung bestimmt wurde, wird folgendes festgestellt:

1. Der Einfluß der Strahlung auf die Wärmeübertragung ist wesentlich größer als der der Konvektion[1].

2. Bei Verwendung der Kohlenstaubfeuerung im Lokomotivkessel kommt der Eigenstrahlung der Flamme für die Wärmeübertragung auf die direkte Heizfläche ein Wert zu, der den der Oberflächenstrahlung der glühenden Brennstoffschicht des vom Rost gefeuerten Kessels überschreitet.

3. Der Einfluß der Eigenstrahlung der Kohlenstaubflamme ist bei weitem bedeutender, als bisher allgemein angenommen wurde.

Wieweit diese Wärmeübertragung infolge der Gasstrahlung durch die Zusammensetzung der Rauchgase, die Temperatur der Flamme, die

---

[1] Das Eisenbahnmaschinenwesen der Gegenwart. Erster Teil: Die Lokomotiven. Berlin 1920, S. 670/71.

„leuchtende" Flamme und andere Eigenschaften beeinflußt wird, ist bis jetzt zahlenmäßig für die Kohlenstaubfeuerung noch nicht festgestellt. Da diese Verhältnisse sich jedoch gerade bei der Kohlenstaubfeuerung infolge ihrer Eigenart besonders stark auswirken, ist der hohe Wert der Eigenstrahlung der Flamme nicht überraschend. Nach Ausführungen Schacks[1] erreicht die Wärmeübergangszahl im Feuerraum oft das Achtfache des nach bisher bekannten Formeln und Verfahren errechneten Wertes; diese Erhöhung kann nur durch die Gasstrahlung erklärt werden.

Insonderheit bei der Kohlenstaubfeuerung ist anzunehmen, daß die Wirkung der Gasstrahlung noch erheblich verstärkt wird, und zwar dadurch, daß die Strahlungszahl der Gase wesentlich durch die Strahlungszahl der festen Kohlenstaubkörner erhöht wird, denn den bei der Verbrennung aufglühenden und das Aufleuchten der Flamme verursachenden Kohlenstaubkörnern kommt selbst eine sehr hohe Strahlungszahl zu, und diese Strahlung wird wiederum ihrerseits erhöht durch die erhebliche Vergrößerung der Oberfläche auf Grund der feinen Vermahlung des Kohlenstaubs[2].

Da nach Gleichung (35) die Höchsttemperatur der Rauchgase zu $t_1 = 1320^0$ C bestimmt wurde, läßt sich der Wirkungsgrad der Feuerung errechnen aus

$$(1 - \sigma) \cdot h_u \cdot B \cdot \eta_f = G_{ges} \cdot c_p \, (t_1 - t_2), \tag{36}$$

wobei ist:
$$\sigma = 0,178,$$
$$B = 0,33 \text{ kg/sek.,}$$
$$G_{ges} = 3,41 \text{ kg/sek.,}$$
$$t_1 = 1320^0 \text{ C,}$$
$$t_2 = 25^0 \text{ C — Außentemperatur.}$$

Es ist:

$$\eta_f = \frac{G_{ges} \cdot c_p \cdot (t_1 - t_2)}{(1 - \sigma) \cdot h_u \cdot B)}$$
$$= \frac{3,41 \cdot 0,27 \cdot 1295}{0,882 \cdot 5040 \cdot 0,33}$$
$$= 0,885 \, .$$

Damit ergeben sich 11,5 vH Verlust in der Feuerbüchse, die nach Verlusten durch Unverbranntes und Verlusten durch Abstrahlung in den Aschkasten zu trennen infolge der Unkenntnis der Gasstrahlungsverhältnisse noch nicht möglich erscheint.

Durch den hohen Wert der durch Strahlung übergehenden Wärmemenge ergeben sich für die Ausbildung der Feuerbüchse als Feuerraum bestimmte Verhältnisse, denen sich die Abmessung der Ausmauerung anpassen muß. Ihre Größe liegt innerhalb gewisser Grenzen fest, von denen die untere in Rücksicht auf gute Zündung und Verbrennung möglichst groß zu wählen ist. Die obere Grenze der Größe der Ausmauerung dagegen wird bestimmt durch die Rücksicht auf eine genügende Ab-

---

[1] Z. 1924, S. 1017 u. Z. 1924, S. 946.
[2] Vgl. Tab. 25 u. 26.

strahlfläche der frei werdenden Wärme, damit die Temperatur in der Feuerbüchse unter der Temperatur der Erweichung des Mauerwerks bleibt. Es ist nach Gleichung (36):

$$\sigma = 1 - \frac{G_{\mathrm{ges}} \cdot c_p \cdot (t_1 - t_2)}{\eta_f \cdot B \cdot h_u},$$

d. h. σ vH der frei werdenden Wärmemenge müssen sofort an die freie Feuerbuchswandung übertragen werden, wenn die Temperatur t_1, die im Grenzfalle die Schmelztemperatur der Ausmauerung wird, nicht überschritten werden soll.

Beträgt in der durchgeführten Berechnung die Schmelztemperatur der Ausmauerung 1500^0 C — die bei der errechneten Feuerbuchstemperatur von $t_1 = 1320^0$ C noch nicht erreicht wurde — so muß sein:

$$\sigma = 1 - \frac{3,41 \cdot 0,272 \cdot 1475}{0,885 \cdot 5040 \cdot 0,33}$$

$$= 1 - 0,935 = 0,065,$$

d. h. $0,065 \cdot 5040 = 330$ WE/kg — oder $\dfrac{330 \cdot 1190}{3600} = 110$ WE/sek.

müssen an die freie Feuerbuchswandung abgestrahlt werden, um die Ausmauerung unter ihrer Schmelztemperatur zu erhalten. Die Größe der freien Feuerbuchsfläche in Quadratmeter muß somit sein:

$$f \geqq \frac{\eta \cdot B \cdot h_u}{\dfrac{Q_s}{H_f}} \tag{37}$$

$$\geqq \frac{0,065 \cdot 1190 \cdot 5040}{\dfrac{1\,063\,000}{1214}}$$

$$\geqq 4,5 \ \mathrm{m}^2 .$$

Bei einem Wirkungsgrad $\eta_f = 0,885$ ist die wirkliche Verbrennungstemperatur somit:

$$t = 0,885 \, t'$$
$$= 0,885 \cdot 1750$$
$$= 1550^0 \, \mathrm{C}$$

gegenüber der zunächst mit 1580^0 C angenommenen Temperatur[1]. Der Wirkungsgrad der Heizfläche beträgt:

$$\eta_h = \frac{Q_s + Q_b}{B \cdot h_u \cdot \eta_f} \tag{38}$$

$$= \frac{296 + 830}{0,33 \cdot 5040 \cdot 0,885}$$

$$= 0,765 ,$$

---

[1] Vgl. S. 54.

wobei ist:

$$Q_s = \frac{1\,063\,000}{3600} = 296 \text{ WE/sek.},$$

$$Q_b = \frac{2\,987\,000}{3600} = 830 \text{ WE/sek.}$$

Der Gesamtwirkungsgrad des Kessels ist somit:

$$\eta_k = \eta_f \cdot \eta_h = 0,885 \cdot 0,765 \tag{39}$$
$$= 0,678 \; (\text{Tab. } 21),$$

der dem durch Versuch erreichten Wert[1] — bei Berücksichtigung eines Heizwertes von $h_u = 5200$ WE/kg —

$$\eta_k = \frac{D \cdot \lambda}{B \cdot h_u}$$
$$= \frac{5492 \cdot 752}{1190 \cdot 5200}$$
$$0,667 \sim 0,67$$

gegenübersteht. Dabei ist:

D — kg/Std. — die versuchsmäßig erzeugte Dampfmenge,
B — kg/Std. — die verfeuerte Kohlenstaubmenge,
λ — WE/kg — die versuchsmäßig erzeugte Gesamtwärme des Dampfes,
h_u — WE/kg — der kalorimetrische Heizwert des Kohlenstaubs.

Tabelle 21. Wärmeabrechnung.

	WE/kg	vH
Theoretisch verfügbare Wärmemenge $B \cdot h_u$	6000000	100,0
Im Kessel nutzbar gemachte Wärmemenge	4050000	67,8
Verlust in der Feuerbüchse	690000	11,5
Verlust in der Rauchkammer	123000	20,2
$= G_{ges.} \cdot c_p \, (ta - te) = 12250 \cdot 0,25(413 - 25)$		
Verlust durch Abstrahlung des Kessels	30000	0,5

Es muß deshalb an dieser Stelle davor gewarnt werden, der Verbesserung des Wirkungsgrades eines mit Kohlenstaub gefeuerten Lokomotivkessels gegenüber eines vom Rost gefeuerten eine allzu große Bedeutung beizumessen. Eine wesentliche Erhöhung kann nicht eintreten, da infolge der Bauart des Lokomotivkessels Verluste entstehen, die lediglich durch den Einbau einer Kohlenstaubfeuerungseinrichtung in einen Lokomotivkessel üblicher Form nicht ausgeschaltet werden können. Die Erhöhung des Kesselwirkungsgrades ist eben zum größten Teile durch den Kessel selbst und nicht durch die Art der Feuerung, die sich nur für einen Teil des Gesamtwirkungsgrades — nämlich η_f — auswirken kann, begrenzt. Wenn trotzdem der Kesselwirkungsgrad bei einem mit Kohlenstaub gefeuerten Lokomotivkessel eine — wenn auch nicht sehr erhebliche — Erhöhung gegenüber einem vom Rost gefeuerten Kessel zeigt, so liegt diese Verbesserung begründet in:

---

[1] Vgl. Tab. 19.

1. der Verwendung minderwertigen Brennstoffes, der bei ziemlich vollkommener Umsetzung fast restlos ausgenutzt wird (diesseits durchgeführte Versuche mit einer brasilianischen Steinkohle, deren Aschegehalt 35,55 vH und deren Heizwert 4190 WE/kg betrug, ergaben bei fast vollständiger Ausnutzung des Staubes Wirkungsgrade über 0,8);

2. der Verminderung der Abgasverluste durch

a) einen geringen Luftüberschuß, der eine geringe Rauchgasmenge zur Folge hat,

b) eine Herabsetzung des Rauchkammerunterdruckes, der eine Herabsetzung der Rauchgastemperatur der Abgase mit sich bringt.

Abb. 22 zeigt die Abhängigkeit der Temperatur der Rauchgase in der Rauchkammer vom

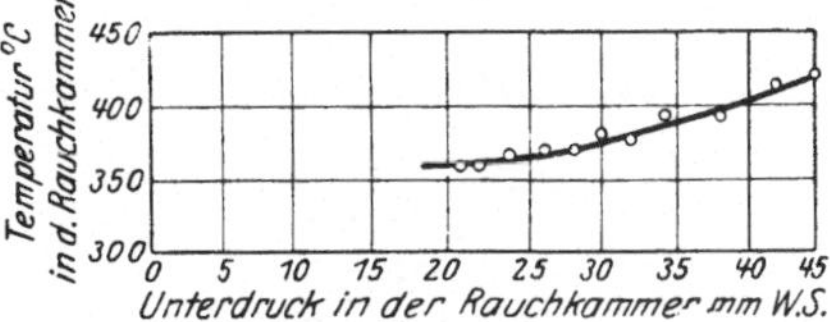

Abb. 22. Rauchkammerunterdruck und Rauchkammertemperatur.

Rauchkammerunterdruck nach den versuchsmäßigen Feststellungen. Die Auswirkung dieser Untersuchungen weist dahin, den Rauchkammerunterdruck nur so hoch zu bemessen, daß die in der Feuerbüchse entstehenden Rauchgase abgesaugt werden, ohne daß — um der allgemeingültigen Forderung für den Feuerraum einer Kohlenstaubfeuerung nachzukommen[1] — ein Überdruck in der Feuerbüchse entsteht.

Abb. 23 stellt die Abhängigkeit des Rauchkammerunterdruckes von der Belastung dar, unter der Bedingung, daß der Feuerbuchsunterdruck $\pm$ 0 ist. Wieweit die Verschlechterung bei allmählicher Steigerung des Rauchkammerunterdruckes fortschreitet, zeigt Abb. 24, in der versuchsmäßig festgestellte Werte für die Abhängigkeit des Kesselwirkungsgrades bzw. der Verdampfungsziffer vom Rauchkammerunterdruck (der Kurve für 1040 kg/Std. scheint ein Meßfehler zu unterliegen) wiedergegeben sind. Allerdings muß dabei erwähnt werden, daß bei sehr hohem Unterdruck noch andere, den Wirkungsgrad verschlechternde Erscheinungen auftreten, unter denen dann das Mitreißen von unverbranntem Kohlenstaub eine bevorzugte Stellung einnimmt.

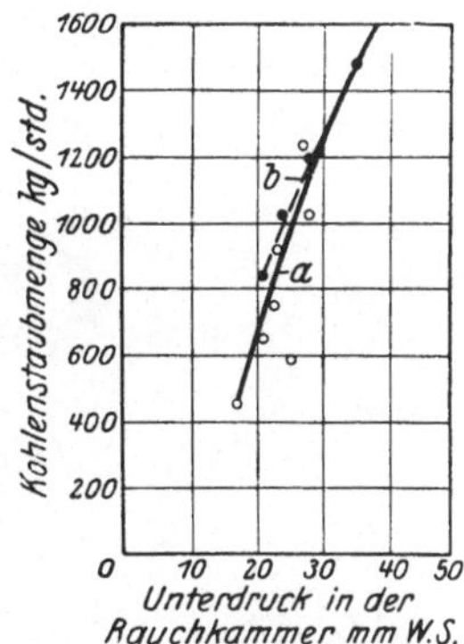

Abb. 23. Rauchkammerunterdruck und stündliche Kohlenstaubmenge. (Kurve a nach Tab. 18, Kurve b nach Tab. 19.)

Der Wirkungsgrad sinkt außerdem wesentlich, sobald durch die gerade der Kohlenstaubfeuerung eigentümliche Schwalbennesterbildung, die bestimmten Brennstoffarten eigen ist und in der Elementarzusammensetzung des Brennstoffes — insbesondere der Zusammensetzung der im Brennstoff enthaltenen Asche — begründet ist, der Rauchkammerunterdruck stark erhöht werden muß. Dann erfährt die Temperatur des Heißdampfes infolge der vermehrten, durch die Rauchrohre gehenden

---

[1] Vgl. S. 25.

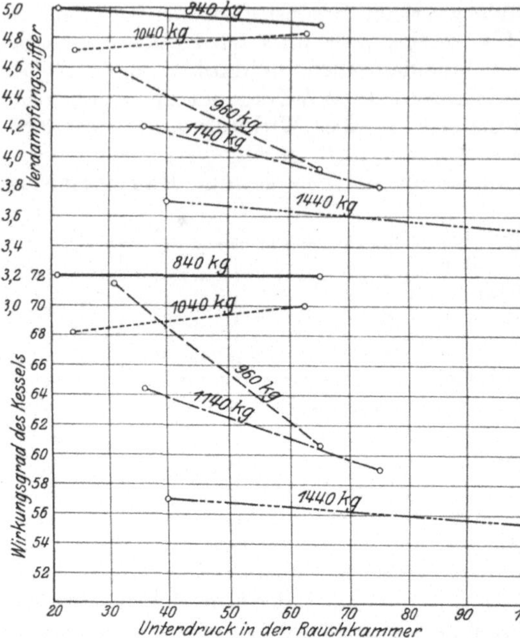

Abb. 24. Rauchkammerunterdruck und Kesselwirkungsgrad.

Rauchgasmengen eine merkliche Steigerung, durch die bei geringerer Dampferzeugung der Wirkungsgrad teilweise ausgeglichen werden kann (vgl. Abb. 24 Kurven für 840 kg/Std.); zugleich erleidet die Dampferzeugung jedoch durch die geringen, durch die Heizrohre gehenden Rauchgasmengen eine empfindliche Abnahme.

Abb. 25 zeigt die Feuerbuchsrohrwand bei Verwendung eines ungeeigneten Braunkohlenstaubs, Abb. 25 a u. b einzelne aus den Heizrohren entfernte Schwalbennester.

Es mag hier betont sein, daß die Kurven der Abb. 22 u. 23 zunächst aus den in Tab. 18

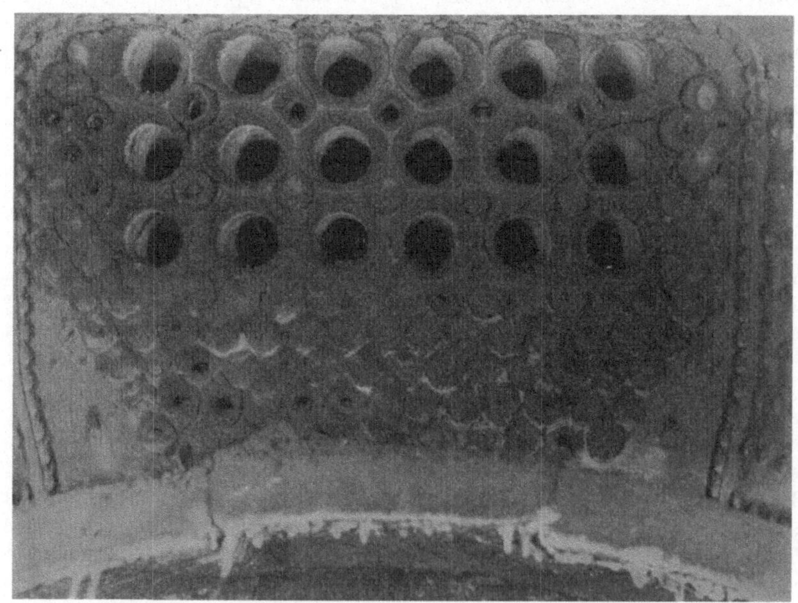

Abb. 25. Schwalbennesterbildung an der Feuerbuchsrohrwand.

bzw. 19 aufgeführten Versuchen abgeleitet sind, daß sie darüber hinaus jedoch genügend angenähert allgemeine Gültigkeit für die Kohlenstaubfeuerung im Lokomotivkessel haben, wenn die Bauart des Kessels eine allgemeinübliche ist. Die Grundbedingung — auf die nochmals ausdrücklich hingewiesen sein mag — ist nur, daß der Feuerbuchsunterdruck etwa ± 0 ist, d. h., daß der Rauchkammerunterdruck

Abb. 25 a. Schwalbennester. (Die Abbildung zeigt die sich vor den einzelnen Rohren bildenden Ringe.)

gerade genügt, um das sich nach Zuführung der zur Verbrennung notwendigen Luftmenge bildende Rauchgasvolumen abzusaugen. Daß bei einer Steigerung der stündlichen Kohlenstaubmenge auch eine entsprechende Steigerung des Rauchkammerunterdruckes und damit auch der Rauchkammertemperatur stattfinden muß (vgl. Tab. 22),

Abb. 25 b. Schwalbennester. (Der untere, ringförmige Teil haftet außerhalb des Rohres vor der Rohrwand, der obere, in eine Spitze auslaufende Teil zieht sich in das Rohr hinein.)

erhellt von selbst; bleibt dann dabei die Tendenz der in Abb. 23 wiedergegebenen Kurve erhalten, so tritt auch bei Aufgabe großer Kohlenstaubmengen kein Verlust durch unverbrannte Staubkörner auf. Daß mit der Steigerung des Rauchkammerunterdruckes infolge der erhöhten Wärmeverluste in der Rauchkammer eine Verschlechterung des Wirkungsgrades eintreten muß, ergibt sich folgerichtig aus der Tendenz der Kurve in Abb. 22.

Es mag jedoch bezüglich der Wirkungsgradangaben in Tab. 18, 19 und 22 darauf hingewiesen sein, daß die Errechnung des Kesselwirkungsgrades auf einer an sich unzulänglichen Bestimmung der aufgegebenen Staubmenge beruht. Da bis heute eine einwandfreie Meßvorrichtung zur Bestimmung der verfeuerten Kohlenstaubmenge nicht bekannt ist, erfolgte die Mengenmessung aus den Umdrehungen einer Förderschnecke. Durch diese mittelbare Feststellung — insbesondere durch das verschiedene spez. Gewicht desselben Kohlenstaubs je nach seiner Lagerung — entstehen Fehlerquellen, so daß die in Tab. 18, 19 und 22 aufgeführten Wirkungsgrade die ungünstigsten, jedoch mit Sicherheit erreichten Werte darstellen. Errechnet man dagegen aus den Abgasverlusten — einschließlich eines Verlustes von etwa 10—12 vH durch Abstrahlung usw. — die Wirkungsgrade, so ergeben sich Werte, die z. B. für Tab. 22 zwischen 0,76 und 0,705 liegen. Vernachlässigt man nun die auch bei dieser Errechnung naturgemäß auftretenden Fehler, durch die die Ergebnisse sich günstiger darstellen, als sie in Wirklichkeit sind, so kommt dennoch der Erhöhung des Kesselwirkungsgrades der Kohlenstaubfeuerung im Lokomotivkessel keine so große Bedeutung zu, wie man nach Vergleichen mit Kohlenstaubfeuerungen ortsfester Anlagen erwarten sollte.

Die übrigen Vorteile, die so oft als „thermische Überlegenheit" der Kohlenstaubfeuerung gegenüber der Rostfeuerung angezogen werden, sind — abgesehen von der Möglichkeit der Verwendung minderwertiger Brennstoffe — für Lokomotivkessel zudem nicht so überragende, wie sie oft angegeben werden; für Lokomotivkessel dürften sie lediglich liegen in:

1. der Vermeidung der Verluste der flüchtigen Bestandteile,
2. der Erhöhung der Dampftemperaturen auf Grund hoher Rauchgastemperaturen,

während betont werden muß, daß die Verluste durch halbverbrannte oder unverbrannte Flugkohle in ebenso starker Weise auftreten können wie bei der Rostfeuerung, sobald bei hohen Feuerbuchstemperaturen die aufgegebenen Staubmengen zu groß werden.

IV. Die Feuerbuchshöchstbelastung.

1. Die theoretische Feuerbuchsgrenzbelastung.

Werden in Gleichung (23) die Grenzwerte eingesetzt — unter denen die zur vollkommenen Verbrennung theoretisch notwendige Luftmenge L_0 und die Verbrennungsgrenztemperatur abs. T_g bei L_0 verstanden sein sollen — so ergibt sich mit der Form

$$Q_g = \frac{h_u \cdot 3600 \cdot 273}{(1 + L_0) \cdot v \cdot T_g \cdot z_v} \tag{40}$$

die spez. Feuerbuchsgrenzbelastung zu

$$Q_g = \frac{5040 \cdot 3600 \cdot 273}{(1 + 7,16) \cdot 0,757 \cdot 2403 \cdot z_v}$$

$$= \frac{334\,000}{z_v} \text{ WE/m}^3 \text{ Std.}$$

2. Die praktische Feuerbuchshöchstbelastung.

Die praktische Feuerbuchshöchstleistung muß dagegen auf anderem Wege gefunden werden. Aus Gleichung (22)

$$Q = \frac{h_u \cdot 3600}{V \cdot z_v} \; \text{WE/m}^3 \text{Std.}$$

geht hervor, daß die Belastung umgekehrt proportional dem Produkt aus tatsächlichem Rauchgasvolumen und Verbrennungszeit ist. Der Niedrigstwert dieses Produktes — in Gleichung (22) eingesetzt — liefert somit den Höchstwert der Feuerbuchsbelastung[1]. Zur Bestimmung dieses Niedrigstwertes ist zunächst von wesentlicher Bedeutung die Kenntnis:

1. der Abhängigkeit der Verbrennungstemperatur vom Luftüberschuß, wodurch das tatsächliche Rauchgasvolumen bestimmt wird,

2. der Abhängigkeit der Verbrennungszeit vom Luftüberschuß, die sich in einer gesetzmäßig noch nicht ergründeten Veränderlichkeit zeigt.

Da dieser Mindestwert $V \cdot z_v$ nach der versuchsmäßigen Ermittlung für Braunkohlenstaub bei $L_n = 1{,}3 - 1{,}4\,L_0$ liegt, so geht Gleichung (23) für die praktische Feuerbuchshöchstbelastung über in die Form:

$$Q_h = \frac{h_u \cdot 3600 \cdot 273}{(1 + 1{,}3\,L_0) \cdot v \cdot T_h \cdot z_v} \qquad (41)$$

$$= \frac{314\,000}{z_v},$$

wobei ist: $1{,}3\,L_0$ — kg/kg — der 1,3fache Wert der theoretisch notwendigen Luftmenge,

T_h — ${}_0$C — die Verbrennungstemperatur abs. bei $1{,}3\,L_0$,

z_v — sec. — die Verbrennungszeit bei $1{,}3\,L_0$.

Zum Vergleich sind die theoretische Grenzbelastung und die praktische Höchstbelastung für die zugrunde gelegte Berechnung nach den bisherigen Erkenntnissen gegenübergestellt. Danach ergibt sich die theoretische spez. Feuerbuchsgrenzbelastung zu:

$$Q_g = \frac{5040 \cdot 3600 \cdot 273}{(1 + 7{,}16) \cdot 0{,}757 \cdot 2403 \cdot 0{,}64}$$

$$= 520\,000 \; \text{WE/m}^3 \cdot \text{Std.}$$

und die Feuerbuchsbelastung für den Feuerbuchsinhalt $J_F = 4{,}1\,\text{m}^3$ zu

2 130 000 WE/Std.,

wobei $z_0 = 0{,}64$ sek. nach Tab. 9 ist.

Die praktische spez. Feuerbuchshöchstbelastung wird erreicht bei $L_n = 1{,}3\,L_0$ und den diesem Luftüberschuß zugehörigen Werten:

$$T_h = 1750 + 273^0\,\text{C}$$
$$z_v = 0{,}415 \; \text{sek. nach Tab. 9}$$

---

[1] Vgl. S. 31/32.

Tabelle 22. Versuchsergebnisse. (Kessel der 1-E-H-G-Lokomotive [Gattung G^{12}] der deutschen Reichsbahn).

Nr.	Datum		2. 12.	17. 12.	13. 12.	25. 11.	1. 12.	13. 12.	15. 12.
	Versuchs-Nr.		71	76	72	66	70	73	74
1	Heizfläche des Kessels	H m²				194,96			
2	Heizfläche des Überhitzers	$H_{üb}$ m²				68,42			
3	Ehemalige Rostfläche	R m²				3,90			
4	$R:H$					1:50			
5	Unterer Heizwert	WE/kg	4880	5230	4880	4880	4880	4920	5280
6	Elementaranalyse:								
	C	vH	54,50	—	54,50	55,12	54,50	—	—
	H	vH	4,10	—	4,10	4,00	4,10	—	—
	N + O	vH	21,20	—	21,20	22,92	21,20	—	—
	S	vH	0,48	4,95	0,48	0,41	0,48	—	3,84
	Wasser	vH	16,70	12,74	16,70	14,48	16,70	11,50	12,50
	Asche	vH	3,02	4,34	3,02	3,07	3,02	5,22	—
	Flüchtige Bestandteile	vH	—	—	—	—	—	—	—
	Liefergrube		Rh. Br.[1]	M.D.[2] Grube Michel	Rh. Br.[1]	Rh. Br.[1]	Rh. Br.[1]	Rh. Br.[1]	M.D.[2] Gr. Elisabeth
7	Kohlenstaubsiebung:								
	Rückstand auf Sieb I: 733 M.	vH	8,0	2,3	8,0	2,5	8,0	2,5	1,5
	„ „ „ II: 1842 M.	vH	6,5	5,0	6,5	4,0	6,5	8,5	10,5
	„ „ „ III: 3970 M.	vH	6,0	8,7	6,0	5,0	6,0	17,0	25,0
	„ „ „ IV: 7390 M.	vH	36,0	28,5	36,0	25,0	36,0	55,0	42,0
	Durchgesiebt durch Sieb IV	vH	43,0	54,0	43,0	62,0	43,0	16,0	20,0
	Verlust	vH	0,5	1,5	0,5	1,5	0,5	1,0	1,0
8	Stündlich verfeuerte Kohlenstaubmenge	kg/Std.	1730	1880	2100	2210	2400	2500	2600[3]
9	Stündlich verdampfte Wassermenge	kg/Std.	9000	9900	10720	11000	11400	12300	12840
10	Verdampfungsziffer brutto		5,20	5,27	5,12	4,97	4,75	4,92	4,93
11	Verdampfungsziffer reduziert		—	—	—	—	—	—	—
12	Kesseldruck at Überdruck	kg/cm²	7,3	7,5	7,5	7,4	7,3	7,5	7,5
13	Speisewassertemperatur	°C	100	100	100	100	100	100	100
14	Mittlere Heißdampftemperatur	°C	340	333	335	330	338	340	340
15	Naßdampftemperatur	°C	171	172	172	171,5	171	172	172

Nr.	Bezeichnung	Einheit							
16	Mittlere Überhitzung	°C	169	161	163	158,5	167	168	168
17	Auf 1 m² Heizfläche erzeugte Dampfmenge	kg/m² H u. Std.	46,2	50,8	55,0	56,5	58,5	63,0	65,8
18	Stündlich verfeuerte Kohlenstaubmenge bezogen auf m² Heizfläche	kg/m² H u. Std.	8,88	9,64	10,75	11,30	12,30	12,82	13,35
19	Äquivalente Rostbelastung bezogen auf m² Rostfläche	kg/m² H u. Std.	444	482	538	565	615	642	666
20	Verfeuerte Staubmenge bezogen auf Feuerbuchsinhalt. $J = 6{,}3$ m³	kg/m³ u. Std.	275	299	333	350	381	397	412
21	WE aus 1 kg Dampf aus dem Kessel	WE	558,2	558,5	558,5	558,3	558,2	558,5	558,5
22	WE aus 1 kg Dampf aus dem Überhitzer	WE	86,8	83,0	84,0	81,5	85,8	86,5	86.5
23	WE aus 1 kg Dampf	WE	645,0	641,5	642,5	639,8	644,0	645,0	645,0
24	WE in dem von 1 kg Staub erzeugten Dampf	WE	3355	3380	3280	3175	3060	3170	3180
25	Wirkungsgrad des Kessels	vH	68,7	64,5	67,0	65,0	62,6	64,5	60.2
26	Mittlere Temperatur der Verbrennungsluft	°C	0	0	5	5	0	5	5
27	Mittlere Temperatur der Rauchkammer	°C	338	360	345	340	340	396	320
28	Zusammensetzung der Rauchgase:								
	CO_2	vH	13,5	13,9	15,0	15,5	15,5	15,1	15,4
	O_2	vH	5,7	—	—	2,5	2,5	2,5	2,6
	CO	vH	—	—	—	—	—	—	—
	CO_{2max} (errechnet)	vH	19,7	—	19,7	20,0	19,7	—	—
39	Theoretisch notwendige Verbrennungsluftmenge	m³/kg	5,24	—	5,24	5,22	5,24	—	—
20	Zugeführte Luft durch Förderleitung	m³/kg	—	—	—	—	—	—	—
31	Zugeführte Luft durch Mischluftleitung	m³/kg	—	—	—	—	—	—	—
32	Zugeführte Luft durch Gegenluftleitung	m³/kg	—	—	—	—	—	—	—
33	Gesamte zugeführte Luftmenge	m³/kg	—	—	—	—	—	—	—
34	Luftüberschuß	n	—	—	—	—	—	—	—
35	Luftüberschuß nach Rauchgasanalyse	n	1,36	—	—	1,13	1,13	1,13	1,14
36	Überdruck im Windkessel	mm WS	280	285	290	270	350	330	310
37	Unterdruck in der Rauchkammer	mm WS.	54	60	56	60	56	105	55
38	Unterdruck in der Feuerbüchse	mm WS.	1	1	3	6	1	7	1
39	Mittlere Feuerbuchstemperatur	°C	1160	1230	—	1200	1240	—	—

[1] Rh. Br. = Rheinisches Braunkohlensyndikat.　　[2] M.D. = Mitteldeutsches Braunkohlensyndikat.

[3] Die Bestimmung der verfeuerten Kohlenstaubmenge erfolgt durch Berechnung aus den Umdrehungen der Förderchnecken und ist ungenau.

zu
$$Q_h = \frac{5040 \cdot 3600 \cdot 273}{(1 + 9,33) \cdot 0,757 \cdot 2023 \cdot 0,415}$$
$$= 758\,000 \text{ WE/ m}^3 \cdot \text{Std.}$$

und die Feuerbuchsbelastung für den Feuerbuchsinhalt $J_F = 4,1 \text{ m}^3$ zu

$$3\,110\,000 \text{ WE/m}^3\,\text{Std.}$$

Bedingung für die Brauchbarkeit der Kohlenstaubfeuerung ist also zunächst die Tatsache, daß der praktisch erreichbare Wert der spez. Feuerraumbelastung den zur Erzielung hoher Leistungen unzureichenden Grenzwert, der bei verlustloser Verbrennung durch L_0 und T_g gegeben ist, überschreitet. Über diese allgemeinen Erkenntnisse hinaus verdient jedoch folgende Überlegung für die Verwendung der Kohlenstaubfeuerung im Lokomotivkessel erhöhte Beachtung:

Da der bisher erreichte Niedrigstwert der Verbrennungszeit von $z_{\max} = 0,25\text{—}0,3$ sek. nicht unterschritten werden kann, ist der Wert der spez. Feuerbuchsbelastung dadurch zu erhöhen, daß unter Berücksichtigung möglichst verlustloser Entbindung der Wärmemengen das tatsächliche Rauchgasvolumen herabgesetzt wird, selbst auf die Gefahr hin, daß der erreichbare Niedrigstwert der Verbrennungszeit — infolge der Abhängigkeit der Verbrennungszeit von der Verbrennungstemperatur — wieder erhöht wird.

Diese Erkenntnis stellt den grundlegenden Gedanken dar für die Betriebsbrauchbarkeit aller Lokomotivkessel, insbesondere derjenigen, die bei verhältnismäßig kleinen Feuerbüchsen und großen Heizflächen hohe Heizflächenbelastungen erfordern.

Untersuchungen in dem Kessel der 1-E-H-G-Lokomotive (Gattung G^{12}) haben diese Überlegungen durchaus bestätigt. Die erzielten Ergebnisse gibt die Auswertung einer Versuchsreihe in Tab. 22 wieder; bezüglich der erreichten spez. Feuerbuchsbelastungen und der zulässigen Verbrennungszeiten möge Tab. 17 zum Vergleiche herangezogen werden.

Schließlich ergibt sich die letzte Möglichkeit, die spez. Belastung zu erhöhen, durch Berücksichtigung der Verluste, die in der Feuerbüchse auftreten.

Durch die in der Feuerbüchse entstehenden Verluste ändert sich die erreichbare Belastung, da durch die Verluste die Verbrennungstemperatur — und damit das tatsächliche Rauchgasvolumen — herabgesetzt wird. Unter Berücksichtigung des in der durchgeführten Berechnung erhaltenen Wirkungsgrades der Feuerung

$$\eta_f = 0,885$$

beträgt die nutzbar gemachte Wärmemenge nur

$$\eta_f \cdot h_u = 4460 \text{ WE/kg},$$

und somit erreicht die Verbrennungstemperatur

$$t = \frac{4460}{0,278 \cdot (1 + 9,33)}$$
$$= 1550^0\,\text{C}\,.$$

Wird dieser Wert der Verbrennungstemperatur zugrunde gelegt, so steht

$$Q_h' = \frac{5040 \cdot 3600 \cdot 273}{(1 + 9{,}33) \cdot 0{,}757 \cdot 1823 \cdot 0{,}415}$$
$$= 835\,000 \text{ WE/m}^3 \text{Std.}$$

gegenüber $\qquad Q_h = 758\,000 \text{ WE/m}^3\text{Std.}$

Es wird somit durch Berücksichtigung der Verluste durch Abstrahlung und Unverbranntes eine höhere Belastungsmöglichkeit um 77 000 WE oder etwa 10 vH erreicht, so daß gilt: Die Feuerbüchse kann angenähert um den Betrag, der den Verlusten in der Feuerbüchse entspricht, höher belastet werden als die Gleichung der Feuerbuchshöchstbelastung angibt.

Damit ist der Ring dieser Ausführungen geschlossen. Auf Grund der Ergebnisse der Versuche und der aus ihnen abgeleiteten Erkenntnisse dürfte der Beweis erbracht sein, daß die Verwendung der Kohlenstaubfeuerung für Lokomotivkessel — auch bei hohen Heizflächenbelastungen und unter Beibehaltung der bisherigen Kesselbauart — möglich ist, und daß ganz allgemein darüber hinaus bei geeigneter Ausbildung der Feuerungs- und Brennereinrichtungen alle Feuerungen für die Verwendung der Kohlenstaubfeuerung ausbaufähig sind, bei denen bisher die Unterbringung der früher als unbedingt notwendig erachteten großen Feuerräume Schwierigkeiten machte.

Anhang.
Über die Mahlfeinheit des Kohlenstaubs.

Im folgenden sind nur die wesentlichen Merkmale der Mahlfeinheit angeführt, soweit sie im Rahmen dieser Arbeit zum Verständnis der Ausführungen gehören.

Abb. 26 a. Siebbüchse.
(Kosmos-G. m. b. H., Görlitz.)

Zur Untersuchung der Mahlfeinheit stand ein Siebbüchsensatz der Firma Kosmos G. m. b. H., Görlitz, zur Verfügung, der in Abb. 26a u. 26b wiedergegeben ist und der die in Tab. 23 aufgeführten Siebsätze enthält. Dabei möge erwähnt werden, daß zu der Zeit, als die Versuche begonnen wurden, die Anfertigung eines Normensiebes von 4900 Maschen/cm^2 praktisch nicht einwandfrei möglich war; wiederholte mikroskopische Messungen der Maschenzahl ergaben z. T. sehr erhebliche Abweichungen der praktisch herstellbaren von der geforderten Maschenzahl[1]. Deshalb wurden diese Messungen in dem mit großer Genauigkeit ausgeführten Kosmos-Siebsatz angestellt: die Ergebnisse sind zum Vergleich mit den Werten der vom Deutschen Normenausschuß vor-

Abb. 26 b. Siebbüchse (zerlegt).

[1] Inzwischen ist ein Siebbüchsensatz hergestellt, der den Vorschriften des Kohlenstaubausschusses des Reichskohlenrats (vg. Anm. S. 16) entspricht.

geschlagenen Normsiebe (900, 2500, 4900, 6400 Maschen/cm²) in Abb. 27 dargestellt (Maschenweite und Freimaschenzahl/cm² in Abhängigkeit von der Maschenzahl/cm²).

Das Siebergebnis ist für Braunkohlenstaub gleicher Beschaffenheit aus einer Reihe von Einzelversuchen als Mittelwert in Tab. 24 wiedergegeben.

Wird unter Voraussetzung der Kugelform des Staubkorns die Anzahl der aus einer Braunkohlenstaubkugel von 1 kg Gewicht entstandenen Staubkörner errechnet, so ergeben sich die in Tab. 25 aufgestellten Werte, bei denen als Bezugsgröße für den Staubkorndurchmesser die Seitenlänge der offenen Masche angenommen ist.

Die Berechnungen sind aus folgender Überlegung aufgestellt:

Eine Braunkohlenstaubkugel von 1 kg Gewicht mit $\gamma = 0,7$ hat einen Inhalt von

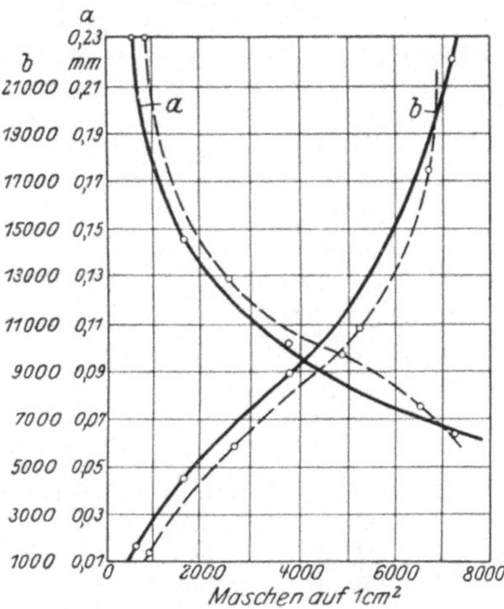

Abb. 27. Maschenzahl und Maschenweite. (Vergleich mit Sieben des deutschen Normenausschusses.) a = Maschenweite; b = Freimaschenzahl auf 1 cm².

$$V = \frac{1}{\gamma} = 1{,}43 \text{ dm}^3 = 1430 \text{ cm}^3 \,.$$

Tabelle 23. Siebsätze.

Siebsatz	Maschen-zahl/cm²	Freimaschen-zahl/cm²	Seitenlänge der offenen Maschen mm
I	733	1865	0,231
II	1842	4570	0,1475
III	3970	8700	0,107
IV	7190	22240	0,0671

Tabelle 24. Siebergebnisse.

Zusammensetzung der Kohle		C	H	N + O	S	Wasser	Asche
		0,556	0,045	0,23	0,021	0,094	0,054
Sieb		I.	II.	III.	IV.		
Rückstand auf	vH	3,3	5	8	56,5		
Durchfall durch . . .	vH	96,7	91,7	83,7	24,7		
Unfühlbares bzw. Verlust	vH	—	—	—	2,5		

Der Radius der Kugel beträgt $R = \sqrt[3]{\dfrac{1430}{\frac{4}{3}\pi}} = 6{,}99$ cm oder $D = 13{,}98$ cm, und die Oberfläche $O = \pi \cdot D^2$ ergibt sich zu 613 cm². Wird diese Ursprungskugel von D cm = 13,98 cm zu Kohlenstaubkugeln von $r = 0{,}0115$ cm (entsprechend der Seitenlänge der offenen Masche : s

$= 0,231$ mm bzw. $s/2 = r = 0,115$ mm) zermahlen, so besteht unter der Voraussetzung, daß die Ursprungskugel restlos vermahlen wird — was unter Berücksichtigung der großen Mahlfeinheit zulässig erscheint —

$$1430 \text{ cm}^3 = \frac{4\pi \cdot 0,0115^3 \cdot n}{3} \text{ d. h. } n = 224 \cdot 10^6.$$

Tabelle 25.
Vermahlung einer Braunkohlenkugel von 1 kg Gewicht.

Sieb	Durchmesser des Einzelkorns = Seitenlänge d. offnen Masche	Radius des Einzelkorns	Anzahl der durch den Siebsatz gegangenen Einzelkörner	Inhalt des Einzelkorns	Oberfläche des Einzelkorns	Oberflächenvergrößerung	Gesamtoberfläche aller Einzelkörner
	d	r	n	V	o	$\dfrac{O}{o}$	Σo_n
	cm	cm		cm³	cm²		
I	0,0231	0,0115	$224 \cdot 10^6$	0,00000638	0,00042	153,2	94080
II	0,01475	0,0074	$845 \cdot 10^6$	0,00000691	0,000174	240	147030
III	0,0107	0,0053	$2305 \cdot 10^6$	0,000000622	0,0000883	331	203531
IV	0,0067	0,00335	$9060 \cdot 10^6$	0,000000158	0,0000354	524	320724

Die Gesamtoberfläche nach der Vermahlung ist dann

$$n \cdot \pi d^2 = 224 \cdot 10^6 \cdot 0,00042 = 94080 \text{ cm}^2,$$

d. h. $\dfrac{94080}{613} = 153$ mal so groß wie die der Ursprungskugel.

Die wirklichen Werte der Siebung von 1 kg Braunkohlenstaub sind unter Berücksichtigung der in Tab. 24 angeführten Siebrückstände in Tab. 26 wiedergegeben.

Tabelle 26. Siebergebnisse der Vermahlung einer Braunkohlenkugel von 1 kg Gewicht.

Sieb	Rückstand vH	Durchmesser des Einzelkorns = Seitenlänge d. offnen Masche	Radius des Einzelkorns	Inhalt des Einzelkorns	Anzahl der durch den Siebsatz gegangenen Einzelkörner	Oberfläche des Einzelkorns	Oberfläche von n-Einzelkörnern
		$s = d$	r	V	n	o	Σo_n
	vH	cm	cm	cm³		cm²	cm²
IV	24,7	0,0067	0,00335	0,000000158	$2240 \cdot 10^6$	0,0000354	79296
III—IV	56,5	0,0107	0,0053	0,000000662	$1300 \cdot 10^6$	0,0000883	114790
II—III	8,0	0,01475	0,0074	0,000001691	$67600 \cdot 10^3$	0,000174	11762,4
I—II	5,0	0,0231	0,0115	0,00000638	$11400 \cdot 10^3$	0,00042	4788

Die Gesamtzahl der Staubkörner beträgt somit $n = 3619 \cdot 10^6$, die Oberflächenvergrößerung $O/o = \dfrac{210636}{613} = 345$. Die durch die Nichtberücksichtigung des Rückstandes auf Siebsatz I und des Unfühlbaren entstandene Fehlerquelle ist gering; die Herabsetzung der Gesamtzahl der Staubkörner durch 3,3 vH Rückstand wird durch die Erhöhung der

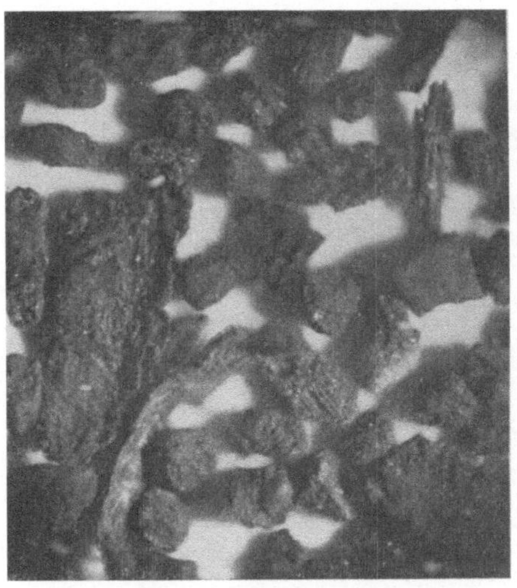

Abb. 28a. Staubkörner in 30 facher Vergrößerung. (Rückstand auf Sieb I.)

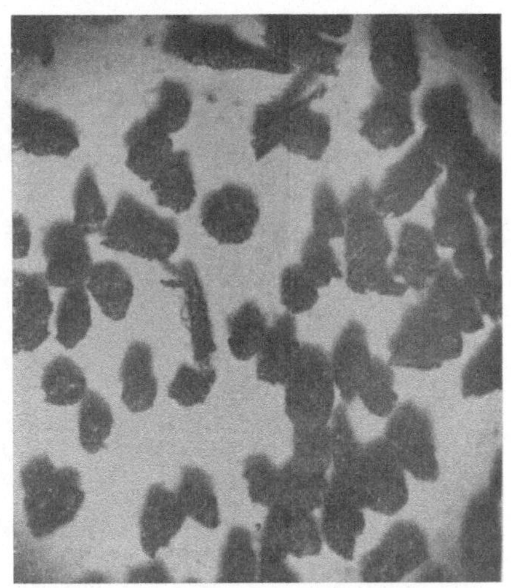

Abb. 28b. Staubkörner in 30 facher Vergrößerung. (Rückstand auf Sieb II.)

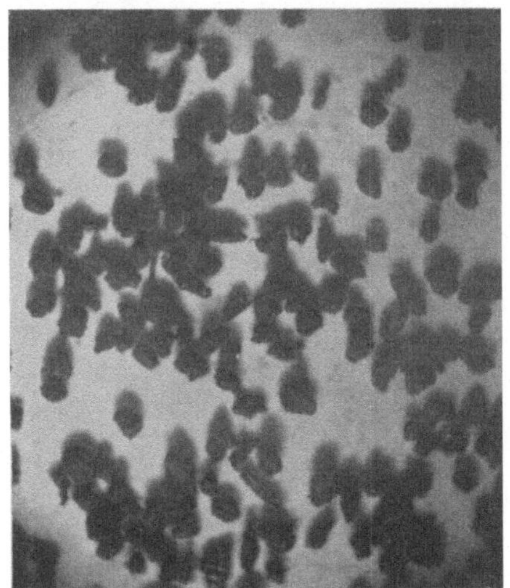

Abb. 28c. Staubkörner in 30 facher Vergrößerung. (Rückstand auf Sieb III.)

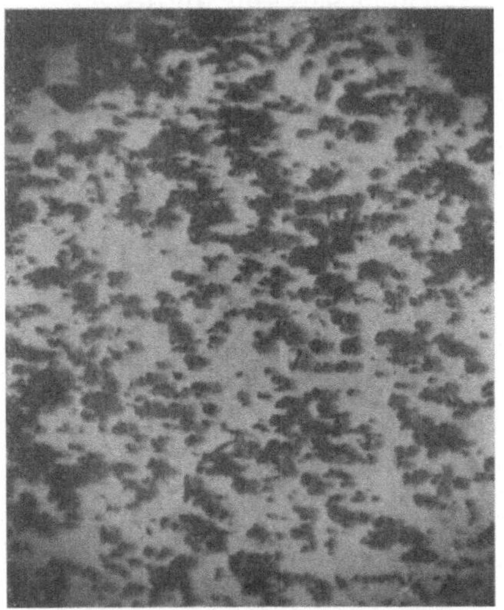

Abb. 28d. Staubkörner in 30 facher Vergrößerung. (Rückstand auf Sieb IV.)

Gesamtzahl durch 2,5 vH Unfühlbares ungefähr wieder ausgeglichen. Mikroskopische Messungen ergaben, daß die Formgestaltung des Braunkohlenstaubkorns — besonders der Rückstand auf den groben

Sieben — erhebliche Abweichungen von einer Kugelform zeigt (vgl.
Abb. 28a—28c). Bei größerer Mahlfeinheit nähert sich jedoch die
Staubkorngestalt einer Kugel- bzw. einer Würfelform (vgl. Abb. 28d

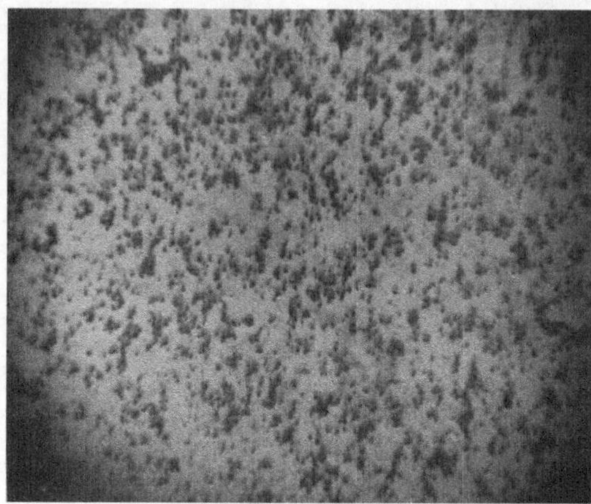

Abb. 28 e.   Staubkörner in 30 facher Vergrößerung.
(Durchfall durch Sieb IV.)

bis 28e), so daß der Fehler in den Berechnungen für das Einzelkorn, die
unter Voraussetzung einer Staubkornkugelform durchgeführt sind, be-
deutungslos sein dürfte.

Schrifttum.

(Da die Literatur über Kohlenstaubfeuerungen in den letzten Jahren sehr umfangreich geworden ist, sind nur die im Rahmen dieser Arbeit bemerkenswerten Stellen angeführt. Die verwendeten Quellen sind als Fußnoten im Text besonders bezeichnet.)

Arch. Wärmewirtsch. . . . . 1921—1925
Braunkohle . . . . 1923—1925
Braunkohlenarchiv . . . . 1924—1925
Brennst. Wärmew. 1923—1926
Combustion . . . . 1924—1925
Dingler 1920
Engg. . . . . 1876, 1922, 1924—1925
Die Feuerung 1925
Feuerungstechn. . . . . 1920, 1924—1925
The Foundry 1916, 1917, 1920, 1924
Gas Wasserfach 1922
Génie civil 1924
Glasers Annalen . . . . 1921, 1923—1924
Glückauf . . . . 1921, 1923—1925
Ing. Int. 1923
Iron Age . . . . 1913, 1916, 1919—1925
Metall Erz . . . . 1923—1925
Organ Fortschr. Eisenbahnwes. . . . . 1915, 1923—1925
Power . . . . 1920—1925
Railw. Age . . . . 1913—1923
Stahleisen. . . . . 1920, 1921, 1923—1924
Wärme . . . . 1918, 1923—1926
Z. V. D. I. . . . . 1911, 1913, 1915, 1917, 1919, 1922—1926
Z. techn. Phys. 1924
Bleibtreu: Kohlenstaubfeuerungen. Berlin: Julius Springer 1921.
Münzinger: Kohlenstaubfeuerungen. Berlin: Julius Springer 1921.
Harvey: Pulverised fuel, colloidal fuel, fuel economy and smokeless combustion. London 1924.
Herington: Powdered coal as a fuel. New York 1920.
ten Bosch: Die Wärmeübertragung. Berlin: Julius Springer 1922.
Mitt. der Wärmestelle des Vereins Deutscher Eisenhüttenleute 1923—1924.
Das Eisenbahn-Maschinenwesen der Gegenwart. Erster Teil: Lokomotiven. Berlin 1920.
„Hütte". Des Ingenieurs Taschenbuch, Berlin 1922.